青少年人工智能学习丛书

Arduino Uno
轻松进阶36例

◎ 周宝善 编著

电子工业出版社
Publishing House of Electronics Industry
北京·BEIJING

内 容 简 介

本书精选 36 个实用和富有创意的 Arduino 编程案例，包括雷达感应灯、红外测距仪、激光测距仪、语音识别器、GPS 定位仪、物联网小车等，每个案例均采用项目式讲解方式，分为实验描述、知识要点、编程要点、程序设计、拓展与挑战等，将技术要点和实现技巧紧密结合，有效指导读者快速掌握 Arduino 编程和开发设计方法。

本书可作为 Arduino 初学者的参考用书，尤其可作为中小学生课外或校外学习 Arduino 编程的辅导教材。

未经许可，不得以任何方式复制或抄袭本书之部分或全部内容。
版权所有，侵权必究。

图书在版编目（CIP）数据

Arduino Uno 轻松进阶 36 例 / 周宝善编著.—北京：电子工业出版社，2022.3
（青少年人工智能学习丛书）
ISBN 978-7-121-43075-6

Ⅰ.①A… Ⅱ.①周… Ⅲ.①单片微型计算机－程序设计－青少年读物 Ⅳ.①TP368.1-49

中国版本图书馆 CIP 数据核字（2022）第 039256 号

责任编辑：曲　昕　　　特约编辑：田学清
印　　刷：河北鑫兆源印刷有限公司
装　　订：河北鑫兆源印刷有限公司
出版发行：电子工业出版社
　　　　　北京市海淀区万寿路 173 信箱　　邮编：100036
开　　本：787×1092　1/16　印张：15.5　字数：340 千字
版　　次：2022 年 3 月第 1 版
印　　次：2022 年 3 月第 1 次印刷
定　　价：69.00 元

凡所购买电子工业出版社图书有缺损问题，请向购买书店调换。若书店售缺，请与本社发行部联系，联系及邮购电话：（010）88254888，88258888。
质量投诉请发邮件至 zlts@phei.com.cn，盗版侵权举报请发邮件至 dbqq@phei.com.cn。
本书咨询联系方式：（010）88254468，quxin@phei.com.cn。

前言

为优化中小学生课外或校外电子科技活动质量、提升中小学生创新实践能力，笔者曾编写了一本青少年人工智能书籍《Arduino Uno 轻松入门 48 例》，受到了广大学生与家长的喜爱，于是笔者续编了这本《Arduino Uno 轻松进阶 36 例》。书中的实例联系生活，十分有趣，采用模块组装焊接方式，极大地降低了学习难度；采用项目式讲解方式，构建一系列基于真实情境的学习任务，通过提供关键素材（实验器材+参考程序）引导学生主动探索，支持学生通过编程实验解决问题。

Arduino 编程系统结构清晰，网络资源丰富，学习成本低，性价比高，非常适合初学者学习。本书编写遵循实用化、趣味化、个性化原则，书中的实验项目来源于生活，极具实用价值，可引导学生紧密联系生活，并拓展延伸，发现问题和运用所学知识创造性解决问题，培养创新能力。

本书广泛收集 Arduino 实验资料，深入分析学生的学习心理与认知规律，精心挑选适合学生开展项目式学习的活动案例，创设情境，激发学生的学习兴趣和探究欲望，引领学生开展观察、比较、分析、推论等探究活动。

学生可自主选择本书中相关项目学习，结合文字讲解和微视频语音讲解，亲自动手完成相关实验项目，最后编写参考程序，尝试拓展创新。本书将一些功能强大的实验项目采用模块组装焊接方式，极大降低了学习难度，使得在短时间内开发出某些功能强大的个性化创新作品成为可能。

本书具有如下特点。

（1）内容充实，编排由简到繁，深入浅出。

本书选编的案例包括平面灯、立方灯、红外测距仪、激光测距仪、语音识别器、指纹识别器、射频卡开灯、蓝牙调光灯、物联网彩灯等，项目经典，内容翔实，结构清晰，编排有序。

例如，编程控制立方灯可营造美妙奇幻、生动立体的灯光效果，该项目融电子技术、立体几何、美术造型等学科于一体，具有较高的艺术观赏价值，项目开发具有一定难度。为了利于学习相关编程原理与规律，本书从 6 个实验展开，知识条理清晰，内容翔实具体，可满足不同层次学生的学习需要，使其获得不同程度的成功体验，利于学生循序渐进，逐步提高，系统掌握相关基础知识和基本技能，进而明显提高逻辑思维能力和综合运用知识的能力。

（2）技术专业，项目博采众长，兼收并蓄。

本书选编的案例技术专业，功能强大，对初学者来说，看似不易掌握，难以理解，然而由于采用模块组装焊接+成功案例引导方式，可确保实验容易成功，极大降低了学习难度，提升了学习效率。

例如，无线遥控由于采用非接触方式控制被控目标，相比有线控制具有可自由移动控制、无空间约束、无需布线等突出优点，因此广泛应用于家电控制、工业控制、航空航天等领域。无线遥控种类有很多，相关无线遥控技术性能参数不一，相关应用案例众多。本书以遥控车、射频卡开灯和调光灯为切入点，共收录了无线遥控车、蓝牙遥控车、物联网小车，以及语音识别器、手势调光灯、雷达感应灯等案例。这些案例相对简单，符合中小学生的认知水平，具有较强的可操作性，易于与生活紧密联系、拓展延伸，培养发明创新的能力。

（3）案例经典，项目求真务实，锐意创新。

本书选编的案例具有典范性、实用性与创新性，是学习 Arduino 编程的实用资料。

例如，七彩发光环是由 8 只智能控制 LED 光源组成的，可发出红色、绿色、蓝色及组合颜色光，该案例突出优点是可通过一种单总线接口与单片机通信，可通过编程方式产生绚丽色彩和动感效果。本书以七彩发光环模块为核心创新设计出蓝牙调光灯、手势调光灯、颜色识别器、物联网彩灯等项目。又如，由于语音播放模块采用真人语音方式编程播报，具有通过语音直接获取信息的优点，本书以语音播放模块为核心创新设计出多个语音计数器和语音电子表项目。

本书面向中小学生，所有参考程序均经过了笔者调试。由于笔者水平有限，书中难免有疏漏和不足之处，敬请有关专家与广大读者批评指正。

周宝善
2022 年 3 月

目录

- 实验 1　雷达感应灯 / 1
- 实验 2　触摸调光灯 / 5
- 实验 3　二阶平面灯 / 9
- 实验 4　二阶立方灯 / 14
- 实验 5　三阶平面灯 / 19
- 实验 6　三阶立方灯 / 24
- 实验 7　四阶平面灯 / 29
- 实验 8　四阶立方灯 / 35
- 实验 9　七彩发光环 / 39
- 实验 10　双色显示屏 / 44
- 实验 11　汉显电子表 / 50
- 实验 12　彩色液晶屏 / 57
- 实验 13　红外测距仪 / 65
- 实验 14　激光测距仪 / 71
- 实验 15　温度湿度计 / 77
- 实验 16　数显电子秤 / 81
- 实验 17　实时电子表 / 86
- 试验 18　语音计数器 / 92
- 实验 19　语音电子表 / 98
- 实验 20　语音识别器 / 107
- 实验 21　指纹识别器 / 115
- 实验 22　颜色识别器 / 126
- 实验 23　射频卡开灯 / 133
- 实验 24　手势调光灯 / 138
- 实验 25　GPS 定位仪 / 144
- 实验 26　智能 SIM 卡 / 153
- 实验 27　TF 存储卡 / 160
- 实验 28　声控播放器 / 170
- 实验 29　无线遥控车 / 175
- 实验 30　蓝牙调光灯 / 180
- 实验 31　蓝牙遥控车 / 189
- 实验 32　无线通信灯 / 195
- 实验 33　无线通信车 / 203
- 实验 34　麦克纳姆车 / 212
- 实验 35　物联网彩灯 / 221
- 实验 36　物联网小车 / 235

实验 1　雷达感应灯

雷达感应灯是运用微波雷达传感器模块检测到被监测范围内有人在移动从而自动点亮的灯具。

1.1　实验描述

运用 Arduino Uno 开发板编程控制微波雷达传感器模块 RCWL-0516 开启或关闭 LED。雷达感应灯电原理图、电路板图、实物图、流程图如图 1.1 所示。

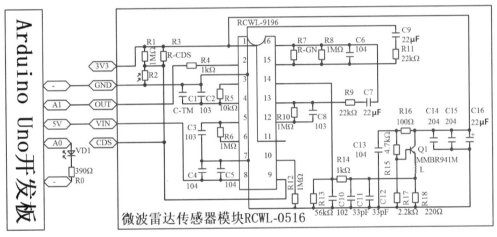

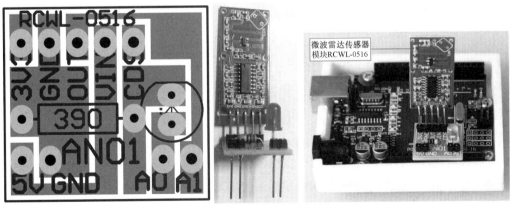

图 1.1　雷达感应灯电原理图、电路板图、实物图、流程图

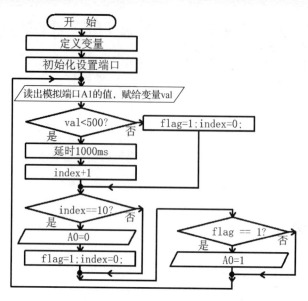

图 1.1　雷达感应灯电原理图、电路板图、实物图、流程图（续）

1.2　知识要点

微波雷达传感器模块 RCWL-0516 又叫多普勒运动模块、人体感应智能探测器，它能检测被监测范围内是否有人在移动。该模块具有灵敏度高、感应距离远、可靠性强、感应角度大、供电电压宽等特点，与传统红外感应相比，具有穿透探测能力，广泛应用于人体感应照明、防盗报警器和安全灯。

微波雷达传感器模块 RCWL-0516 的外形尺寸为 35.9mm×17.3mm，工作电压为 4～28V，工作电流为 2.8mA，工作频率为 3.2GHz，发射功率为 20mW（典型值），感应距离为 5～7m。该模块设有 CDS、VIN、OUT、GND、3V3 共 5 个端口，CDS 端外接光敏电阻，当 CDS 端为低电平（电压低于 0.7V）时，OUT 端输出低电平 0V；VIN 端接供电电源正极；OUT 端为输出端，当检测到有人在移动时，OUT 端输出高电平 3.3V；GND 端接供电电源负极；3V3 端可输出 3.3V 电压、100mA 电流。该模块感应面的正面和背面应预留 1cm 的安装空间，且不得有任何金属物遮挡，模块有元件面为正面，感应效果较好；模块无元件面为背面，感应效果稍差。当使用多个微波雷达传感器模块时，其间隔应大于 1m，否则将出现相互干扰现象。

微波雷达传感器模块 RCWL-0516 上 C-TM 处贴装电容将增长重复触发时间，默认重复触发时间为 2s；R-GM 处贴装电阻将缩短检测距离，如贴装 1MΩ 电阻检测距离约为 5m，不贴装电阻检测距离约为 7m；R-CDS 处贴装调整电阻，电阻值在实际应用时可根据实际环境光线亮度设定，此电阻与 R-CDS 处光敏电阻并联。

1.3 编程要点

(1) 语句 val = analogRead(1);if (val < 500) {语句 1;}表示读出模拟端口 A1 的值,赋给变量 val,如果 val < 500,则执行语句 1,表示检测结果为无人在移动。

(2) 语句 index = (index + 1) % 11;表示变量 index 加 1 取模,其中符号%表示取模,当 index = 0 时,index + 1 = 1,1 除以 11,商为 0,余数为 1,即模为 1;当 index = 10 时,index + 1 = 11,11 除以 11,商为 1,余数为 0,即模为 0。

1.4 程序设计

(1) 参考程序。

```
int val;//定义整型变量 val
int index = 0;//定义整型变量 index,初始化赋值为 0
int flag = 0;//定义状态标志变量 flag,初始化赋值为 0
void setup() {
  pinMode(A0, OUTPUT);//设置模拟端口 A0 为输出模式
  pinMode(A1, INPUT);//设置模拟端口 A1 为输入模式
}
void loop() {
  val = analogRead(1);//读出模拟端口 A1 的值,赋给变量 val
  if (val < 500) {//如果 val < 500,则表示检测结果为无人在移动
    delay(1000);//延时 1000ms
    index = (index + 1) % 11;//变量 index 加 1
  } else {//如果 val > 500,则表示检测结果为有人在移动
    flag = 1;//变量 flag 置 1
    index = 0;//变量 index 清 0
  }
  if (index == 10) {//如果 index == 10,则表示检测结果为无人在移动时间长达 10s
    digitalWrite(A0, 0);//模拟端口 A0 输出低电平
    flag = 0;//变量 flag 清 0
    index = 0;//变量 index 清 0
  }
  if ( flag == 1) {//如果 flag == 1,则表示有人在移动
    digitalWrite(A0, 1);//模拟端口 A0 输出高电平
  }
}
```

(2) 实验结果。

代码上传成功后,将电路板 AN01 安装到 Arduino Uno 开发板上,并接通电源,当

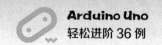

模块检测到有人在移动时，LED 点亮；当模块检测到无人在移动时间大于或等于 10s 时，LED 熄灭。

1.5 拓展与挑战

代码上传成功后，将电路板 AN01 安装到 Arduino Uno 开发板上，并接通电源，当模块检测到有人在移动时，LED 闪亮（每秒闪 2 次）；当模块检测到无人在移动时，LED 熄灭。

实验 2　触摸调光灯

光线过亮或过暗对人们的生活都是有害的，因此人们设计出可调节光线亮暗的灯，即调光灯，如多个开关控制的调光灯、电位器控制的调光灯、触摸调光灯等。触摸调光灯的使用方法是用手触摸灯的感应部位，灯自动点亮，多次触摸灯的感应部位，灯的亮度逐渐增强。触摸调光灯的突出优点是操作简单、性能可靠，能有效避免开关失控与调节失灵等故障现象的发生。

2.1　实验描述

运用触摸开关 TTP223B 控制多个 LED 逐个点亮，从而实现发光亮度的调节。触摸调光灯电原理图、电路板图、实物图、流程图如图 2.1 所示。

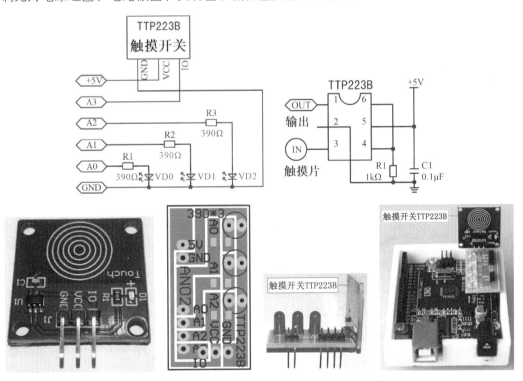

图 2.1　触摸调光灯电原理图、电路板图、实物图、流程图

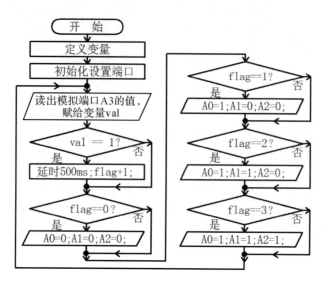

图 2.1 触摸调光灯电原理图、电路板图、实物图、流程图（续）

2.2 知识要点

（1）触摸开关 TTP223B。

触摸开关 TTP223B 是基于 TTP223B 集成电路设计的电容式点动型触摸开关模块，该模块有 3 个引脚，分别是 GND（接电源负极）、VCC（接电源正极）、IO（信号输出端口），工作电压为 2.0～5.5V。在低功耗模式下，@VDD=3V，工作电流典型值为 1.5μA，最长响应时间为 220ms；在快速模式下，@VDD=3V，工作电流典型值为 6.5μA，最长响应时间为 60ms。在通常状态下，模块没有被触摸，输出低电平，工作模式为低功耗模式；当用手指触摸模块时，模块输出高电平，工作模式为快速模式，当模块在 12s 内没有再次被触摸时，工作模式转为低功耗模式。此种触摸开关广泛应用于日常消费性产品，用于取代机械按钮开关，具有非接触控制、防机械疲劳等优点。例如，将该模块安装在非金属材料（塑料、玻璃）表面的下方，可起到美化外观、隐藏按键的效果。

（2）Arduino Uno 开发板模拟端口。

在 Arduino Uno 开发板上，A0～A5 为 6 个模拟输入端口，分辨率为 10bit，默认输入信号电压为 0～5V。A0～A5 也可作为普通数字输入/输出端口使用。

例 1．语句 val=analogRead(0);表示读出模拟端口 A0 的值，赋给变量 val，val=0～1023。

当模拟端口 A0 输入信号电压为 0V 时，val=0；当模拟端口 A0 输入信号电压为 5V 时，val=1023；当模拟端口 A0 输入信号电压为 2.5V 时，val=512；当模拟端口 A0 输入信号电压为 1V 时，val=204。

例 2. 语句 pinMode(A0,OUTPUT)与语句 pinMode(A3,INPUT);用在 void setup() {} 中，表示将模拟端口当作普通数字端口使用，可设置它们为输出或输入端。

语句 pinMode(A0,OUTPUT)表示设置模拟端口 A0 为输出模式。

语句 pinMode(A3,INPUT)表示设置模拟端口 A3 为输入模式。

例 3. 语句 val = digitalRead(A3)表示读取模拟端口 A3 的值，赋给变量 val，val=0 或 1。

语句 digitalWrite(A0,1)表示模拟端口 A0 输出高电平。

语句 digitalWrite(A1,0)表示模拟端口 A1 输出低电平。

这两条语句用在 void loop () {}中，表示将模拟端口当作普通数字端口使用，设置端口的值为 1 或 0，即输出高电平或低电平。

2.3 编程要点

语句 if (val == 1)　　{ delay(500); flag = (flag + 1) % 4; }表示如果 val = 1，则说明模块被触摸，延时 500ms，运行模式加 1。

延时 500ms 的目的是避免模块被长时间触摸，机器快速且频繁地切换运行模式。

一开始，flag =0；第 1 次触摸模块，flag = (0 + 1) % 4=1，1 除以 4，商为 0，余数为 1，即模为 1；第 2 次触摸模块，flag = (1 + 1) % 4=2，2 除以 4，商为 0，余数为 2，即模为 2；第 3 次触摸模块，flag = (2 + 1) % 4=3，3 除以 4，商为 0，余数为 3，即模为 3；第 4 次触摸模块，flag = (3 + 1) % 4=0，4 除以 4，商为 1，余数为 0，即模为 0；第 5 次触摸模块，flag = (0 + 1) % 4=1，1 除以 4，商为 0，余数为 1，即模为 1；以此循环。结果是 flag 取值为 0、1、2、3，共产生 4 种运行模式。

2.4 程序设计

（1）参考程序。

```
int val = 0;//定义整型变量val，初始化赋值为0
int flag = 0;//定义状态标志变量flag，初始化赋值为0
void setup() {
  pinMode(A0,OUTPUT);//设置模拟端口A0 为输出模式
  pinMode(A1,OUTPUT);//设置模拟端口A1 为输出模式
  pinMode(A2,OUTPUT);//设置模拟端口A2 为输出模式
  pinMode(A3,INPUT);//设置模拟端口A3 为输入模式
}
void loop() {
  val = digitalRead(A3);//读出模拟端口A3 的值
  if (val == 1)   {//如果val == 1，则说明模块被触摸
```

```
    delay(500);//延时500ms
    flag = (flag + 1) % 4;//运行模式加1
  }
  if (flag == 0) {//运行模式为0，LED全都熄灭
    digitalWrite(A0, 0);//模拟端口A0输出低电平
    digitalWrite(A1, 0);//模拟端口A1输出低电平
    digitalWrite(A2, 0);//模拟端口A2输出低电平
  }
  if (flag == 1) {//运行模式为1，VD0点亮
    digitalWrite(A0, 1);//模拟端口A0输出高电平
    digitalWrite(A1, 0);//模拟端口A1输出低电平
    digitalWrite(A2, 0);//模拟端口A2输出低电平
  }
  if (flag == 2) {//运行模式为2，VD0和VD1点亮
    digitalWrite(A0, 1);//模拟端口A0输出高电平
    digitalWrite(A1, 1);//模拟端口A1输出高电平
    digitalWrite(A2, 0);//模拟端口A2输出低电平
  }
  if (flag == 3) {//运行模式为3，LED全都点亮
    digitalWrite(A0, 1);//模拟端口A0输出高电平
    digitalWrite(A1, 1);//模拟端口A1输出高电平
    digitalWrite(A2, 1);//模拟端口A2输出高电平
  }
}
```

（2）实验结果。

代码上传成功后，将电路板AN02安装到Arduino Uno开发板上，并接通电源，LED均为熄灭状态，用手指触摸模块，第1次触摸，VD0点亮，此时LED点亮数量较少，因此亮度较弱；第2次触摸，VD0与VD1点亮，此时LED点亮数量较多，因此亮度较强；第3次触摸，LED均为点亮状态，此时LED点亮数量最多，因此亮度最强；第4次触摸，LED均为熄灭状态，以此循环。

2.5 拓展与挑战

代码上传成功后，将电路板AN02安装到Arduino Uno开发板上，并接通电源，LED均为熄灭状态，用手指触摸模块，第1次触摸，LED均为点亮状态；第2次触摸，VD0与VD1点亮，VD2熄灭；第3次触摸，VD0点亮，VD1与VD2熄灭；第4次触摸，LED均为熄灭状态，以此循环。

实验 3　二阶平面灯

二阶平面灯是用 2×2=4 只双色发光二极管组成的平面正方形造型灯，用于产生变化的色彩与变换造型。

3.1　实验描述

运用 Arduino Uno 开发板编程控制二阶平面灯。二阶平面灯电原理图、电路板图、实物图、流程图如图 3.1 所示。

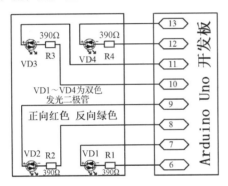
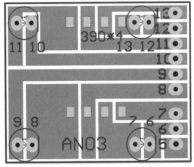

图 3.1　二阶平面灯电原理图、电路板图、实物图、流程图

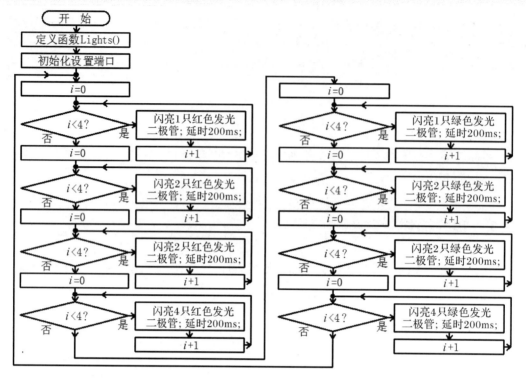

图 3.1　二阶平面灯电原理图、电路板图、实物图、流程图（续）

3.2　知识要点

双色发光二极管由两种颜色的发光二极管组成。红绿双色发光二极管在正向通电时，发红光；在反向通电时，发绿光。

3.3　编程要点

（1）语句 void Lights(int pin7, int pin9, int pin11, int pin13, int pin6, int pin8, int pin10, int pin12) {}表示设置函数 Lights()，用于设置8个整型变量 pin7、pin9、pin11、pin13、pin6、pin8、pin10、pin12 对应 Arduino Uno 开发板的数字端口 7、9、11、13、6、8、10、12，前4个端口分别与4只双色发光二极管正极引脚连接，后4个端口分别与4只双色发光二极管负极引脚连接。

（2）语句 Lights(1,0,0,0,0,0,0,0);表示函数 Lights()的第1个参数为1，对应的端口7（连接双色发光二极管 VD1 正极引脚）为高电平；其他7个参数为0，对应的端口（连接其他双色发光二极管引脚）为低电平。因此，双色发光二极管 VD1 正向导通，发红光。

（3）语句 Lights(0,1,1,1,1,1,1,1);表示函数 Lights()的第1个参数为0，对应的端口

7（连接双色发光二极管 VD1 正极引脚）为低电平；其他 7 个参数为 0，对应的端口（连接其他双色发光二极管引脚）为高电平。因此，双色发光二极管 VD1 反向导通，发绿光。

3.4 程序设计

（1）参考程序。

```
void    setup() {
  pinMode(6, OUTPUT);//设置数字端口 6 为输出模式
  pinMode(7, OUTPUT);//设置数字端口 7 为输出模式
  pinMode(8, OUTPUT);//设置数字端口 8 为输出模式
  pinMode(9, OUTPUT);//设置数字端口 9 为输出模式
  pinMode(10, OUTPUT);//设置数字端口 10 为输出模式
  pinMode(11, OUTPUT);//设置数字端口 11 为输出模式
  pinMode(12, OUTPUT);//设置数字端口 12 为输出模式
  pinMode(13, OUTPUT);//设置数字端口 13 为输出模式
}
void    loop() {
  for (int i = 0; i < 4; i++) {//1 红
    Lights(1, 0, 0, 0, 0, 0, 0, 0); delay(200);
    Lights(0, 1, 0, 0, 0, 0, 0, 0); delay(200);
    Lights(0, 0, 1, 0, 0, 0, 0, 0); delay(200);
    Lights(0, 0, 0, 1, 0, 0, 0, 0); delay(200);
  }
  for (int i = 0; i < 4; i++) {//2 红 1
    Lights(1, 1, 0, 0, 0, 0, 0, 0); delay(200);
    Lights(0, 1, 1, 0, 0, 0, 0, 0); delay(200);
    Lights(0, 0, 1, 1, 0, 0, 0, 0); delay(200);
    Lights(1, 0, 0, 1, 0, 0, 0, 0); delay(200);
  }
  for (int i = 0; i < 4; i++) {//2 红 2
    Lights(1, 0, 1, 0, 0, 0, 0, 0); delay(200);
    Lights(0, 1, 0, 1, 0, 0, 0, 0); delay(200);
  }
  for (int i = 0; i < 4; i++) {//4 红闪亮
    Lights(1, 1, 1, 1, 0, 0, 0, 0); delay(200); //4 红
    Lights(0, 0, 0, 0, 0, 0, 0, 0); delay(200); //全灭
  }
  for (int i = 0; i < 4; i++) {//1 绿
    Lights(0, 1, 1, 1, 1, 1, 1, 1); delay(200);
```

```
    Lights(1, 0, 1, 1, 1, 1, 1, 1); delay(200);
    Lights(1, 1, 0, 1, 1, 1, 1, 1); delay(200);
    Lights(1, 1, 1, 0, 1, 1, 1, 1); delay(200);
  }
  for (int i = 0; i < 4; i++) {//2 绿 1
    Lights(0, 0, 1, 1, 1, 1, 1, 1); delay(200);
    Lights(1, 0, 0, 1, 1, 1, 1, 1); delay(200);
    Lights(1, 1, 0, 0, 1, 1, 1, 1); delay(200);
    Lights(0, 1, 1, 0, 1, 1, 1, 1); delay(200);
  }
  for (int i = 0; i < 4; i++) {//2 绿 2
    Lights(1, 0, 1, 0, 1, 1, 1, 1); delay(200);
    Lights(0, 1, 0, 1, 1, 1, 1, 1); delay(200);
  }
  for (int i = 0; i < 4; i++) {//4 绿闪亮
    Lights(0, 0, 0, 0, 1, 1, 1, 1); delay(200); //4 绿
    Lights(0, 0, 0, 0, 0, 0, 0, 0); delay(200); //全灭
  }
}
void Lights(int pin7, int pin9, int pin11, int pin13, int pin6, int pin8, int pin10, int pin12 ) {
  digitalWrite(6, pin6);
  digitalWrite(7, pin7);
  digitalWrite(8, pin8);
  digitalWrite(9, pin9);
  digitalWrite(10, pin10);
  digitalWrite(11, pin11);
  digitalWrite(12, pin12);
  digitalWrite(13, pin13);
}
```

（2）实验结果。

代码上传成功后，将电路板 AN03 安装到 Arduino Uno 开发板上，并接通电源，红色发光二极管逐只闪亮，循环 4 圈；2 只红色发光二极管轮流闪亮，模式 1 循环 4 圈，模式 2 循环 4 圈；4 只红色发光二极管闪亮 4 次；绿色发光二极管逐只闪亮，循环 4 圈；2 只绿色发光二极管轮流闪亮，模式 1 循环 4 圈，模式 2 循环 4 圈；4 只绿色发光二极管闪亮 4 次，以此循环。

3.5 拓展与挑战

代码上传成功后，将电路板 AN03 安装到 Arduino Uno 开发板上，并接通电源，红色发光二极管逐只闪亮，循环 4 圈；2 只红色发光二极管轮流闪亮，循环 4 圈；4 只红色发光二极管闪亮 4 次；4 只绿色发光二极管闪亮 4 次；2 只绿色发光二极管轮流闪亮，循环 4 圈；绿色发光二极管逐只闪亮，循环 4 圈，以此循环。

实验 4　二阶立方灯

二阶立方灯是用 2×2×2=8 只双色发光二极管组成的空间立方体造型灯。

4.1　实验描述

运用 Arduino Uno 开发板编程控制二阶立方灯。二阶立方灯电原理图、电路板图、实物图、流程图如图 4.1 所示。

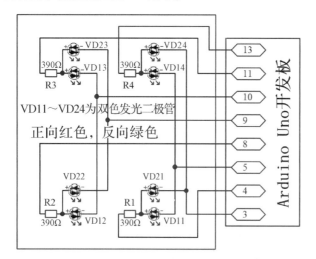
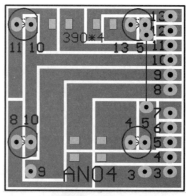

图 4.1　二阶立方灯电原理图、电路板图、实物图、流程图

实验4 二阶立方灯

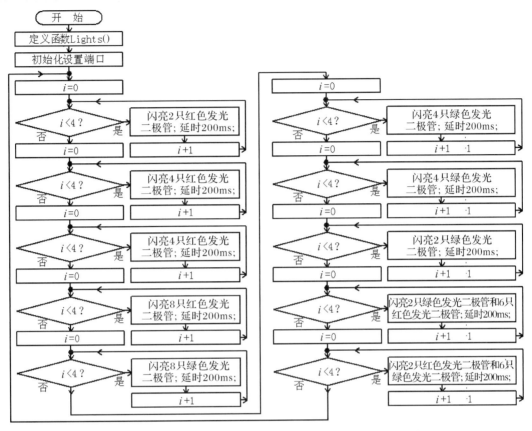

图 4.1 二阶立方灯电原理图、电路板图、实物图、流程图（续）

4.2 知识要点

立方体，即正方体，由 6 个正方形面组成，有 8 个顶点和 12 条长度相等的边，相邻的每两条边所夹的角为 90°（直角）。

4.3 编程要点

（1）语句 void Lights(int pin13, int pin4, int pin8, int pin11, int pin5, int pin10, int pin3, int pin9){}表示设置函数 Lights()，用于设置 8 个整型变量 pin13、pin4、pin8、pin11、pin5、pin10、pin3、pin9 对应 Arduino Uno 开发板的数字端口 13、4、8、11、5、10、3、9，前 4 个端口分别与 8 只双色发光二极管正极引脚连接，后 4 个端口分别与 8 只双色发光二极管负极引脚连接。

（2）语句 Lights(1,0,0,0,0,0,0,0);表示函数 Lights()的第 1 个参数为 1，对应的端口 13（连接双色发光二极管 VD14 与 VD24 正极引脚）为高电平；其他 7 个参数为 0，对应的端口（连接其他双色发光二极管引脚）为低电平。因此，双色发光二极管 VD14 与 VD24

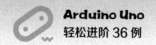

正向导通，发红光。

（3）语句 Lights(0, 1, 1, 1, 1, 1, 1, 1);表示函数 Lights()的第 1 个参数为 0，对应的端口 13（连接双色发光二极管 VD14 与 VD24 正极引脚）为低电平；其他 7 个参数为 0，对应的端口（连接其他双色发光二极管引脚）为高电平。因此，双色发光二极管 VD14 与 VD24 反向导通，发绿光。

4.4 程序设计

（1）参考程序。

```
void    setup() {
  pinMode(3, OUTPUT);  //设置数字端口 3 为输出模式
  pinMode(4, OUTPUT);  //设置数字端口 4 为输出模式
  pinMode(5, OUTPUT);  //设置数字端口 5 为输出模式
  pinMode(8, OUTPUT);  //设置数字端口 8 为输出模式
  pinMode(9, OUTPUT);  //设置数字端口 9 为输出模式
  pinMode(10, OUTPUT); //设置数字端口 10 为输出模式
  pinMode(11, OUTPUT); //设置数字端口 11 为输出模式
  pinMode(13, OUTPUT); //设置数字端口 13 为输出模式
}
void    loop() {
  for (int i = 0; i < 4; i++) {//2 红
    Lights(1, 0, 0, 0, 0, 0, 0, 0); delay(200); //2 红，左后红
    Lights(0, 1, 0, 0, 0, 0, 0, 0); delay(200); //2 红，左前红
    Lights(0, 0, 1, 0, 0, 0, 0, 0); delay(200); //2 红，右前红
    Lights(0, 0, 0, 1, 0, 0, 0, 0); delay(200); //2 红，右后红
  }
  for (int i = 0; i < 4; i++) {//4 红 1
    Lights(1, 1, 0, 0, 0, 0, 0, 0); delay(200); //4 红，左侧
    Lights(0, 1, 1, 0, 0, 0, 0, 0); delay(200); //4 红，前排
    Lights(0, 0, 1, 1, 0, 0, 0, 0); delay(200); //4 红，右侧
    Lights(1, 0, 0, 1, 0, 0, 0, 0); delay(200); //4 红，后排
  }
  for (int i = 0; i < 4; i++) {//4 红 2
    Lights(0, 1, 0, 1, 0, 0, 0, 0); delay(200); //4 红，左前，右后
    Lights(1, 0, 1, 0, 0, 0, 0, 0); delay(200); //4 红，左后，右前
    Lights(0, 1, 0, 1, 0, 0, 0, 0); delay(200); //4 红，左前，右后
    Lights(1, 0, 1, 0, 0, 0, 0, 0); delay(200); //4 红，左后，右前
  }
  for (int i = 0; i < 4; i++) {//8 红
```

```
      Lights(1, 1, 1, 1, 0, 0, 0, 0); delay(200); //8 红
      Lights(0, 0, 0, 0, 0, 0, 0, 0); delay(200); //全灭
    }
 for (int i = 0; i < 4; i++) {//8 绿
      Lights( 0, 0, 0, 0, 1, 1, 1, 1); delay(200); //8 绿
      Lights(0, 0, 0, 0, 0, 0, 0, 0); delay(200); //全灭
    }
 for (int i = 0; i < 4; i++) {//4 绿 1
      Lights(0, 0, 0, 0, 1, 0, 1, 0); delay(200); //4 绿，左侧
      Lights(1, 0, 0, 1, 1, 1, 1, 1); delay(200); //4 绿，前排
      Lights(0, 0, 0, 0, 0, 1, 0, 1); delay(200); //4 绿，右侧
      Lights(0, 1, 1, 0, 1, 1, 1, 1); delay(200); //4 绿，后排
    }
 for (int i = 0; i < 4; i++) {//4 绿 2
      Lights(0, 1, 0, 1, 1, 1, 1, 1); delay(200); //4 绿，左后，右前
      Lights(1, 0, 1, 0, 1, 1, 1, 1); delay(200); //4 绿，左前，右后
      Lights(0, 1, 0, 1, 1, 1, 1, 1); delay(200); //4 绿，左后，右前
      Lights(1, 0, 1, 0, 1, 1, 1, 1); delay(200); //4 绿，左前，右后
    }
 for (int i = 0; i < 4; i++) {//2 绿
      Lights(0, 1, 1, 1, 1, 1, 1, 1); delay(200); //2 绿，左后绿
      Lights(1, 0, 1, 1, 1, 1, 1, 1); delay(200); //2 绿，左前绿
      Lights(0, 0, 0, 1, 0, 1, 0, 1); delay(200); //2 绿，右前绿
      Lights(0, 0, 1, 0, 0, 1, 0, 1); delay(200); //2 绿，右后绿
    }
 for (int i = 0; i < 8; i++) {//6 红 2 绿
      Lights(1, 1, 1, 1, 0, 0, 0, 1); delay(200); //6 红 2 绿，右上绿
      Lights(1, 1, 1, 1, 0, 0, 1, 0); delay(200); //6 红 2 绿，左上绿
      Lights(1, 1, 1, 1, 1, 0, 0, 0); delay(200); //6 红 2 绿，左下绿
      Lights(1, 1, 1, 1, 0, 1, 0, 0); delay(200); //6 红 2 绿，右下绿
    }
 for (int i = 0; i < 8; i++) {//2 红 6 绿
      Lights(0, 0, 1, 1, 1, 1, 1, 0); delay(200); //2 红 6 绿，右上红
      Lights(1, 1, 0, 0, 1, 1, 0, 1); delay(200); //2 红 6 绿，左上红
      Lights(1, 1, 0, 0, 1, 1, 1, 1); delay(200); //2 红 6 绿，左下红
      Lights(0, 0, 1, 0, 1, 0, 1, 1); delay(200); //2 红 6 绿，右下红
    }
  }
}
void Lights(int pin13, int pin4, int pin8, int pin11, int pin5, int pin10, int pin3, int pin9 ) {
  digitalWrite(3, pin3);
```

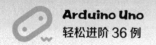

```
        digitalWrite(4, pin4);
        digitalWrite(5, pin5);
        digitalWrite(8, pin8);
        digitalWrite(9, pin9);
        digitalWrite(10, pin10);
        digitalWrite(11, pin11);
        digitalWrite(13, pin13);
}
```

（2）实验结果。

代码上传成功后，将电路板 AN04 安装到 Arduino Uno 开发板上，并接通电源，2 只红色发光二极管循环闪亮 4 圈；4 只红色发光二极管循环闪亮，模式 1 循环 4 圈，模式 2 循环 4 圈；8 只红色发光二极管闪亮 4 次；8 只绿色发光二极管闪亮 4 次；4 只绿色发光二极管循环闪亮，模式 1 循环 4 圈，模式 2 循环 4 圈；2 只绿色发光二极管循环闪亮 4 圈；2 只绿色发光二极管在 6 只红色发光二极管中循环闪亮 4 圈；2 只红色发光二极管在 6 只绿色发光二极管中循环闪亮 4 圈，以此循环。

4.5 拓展与挑战

代码上传成功后，将电路板 AN04 安装到 Arduino Uno 开发板上，并接通电源，2 只绿色发光二极管在 6 只红色发光二极管中循环闪亮 4 圈；2 只红色发光二极管在 6 只绿色发光二极管中循环闪亮 4 圈，以此循环。

实验 5　三阶平面灯

三阶平面灯是用 3×3=9 只双色发光二极管组成的平面田字格造型灯。

5.1　实验描述

运用 Arduino Uno 开发板编程控制三阶平面灯。三阶平面灯电原理图、电路板图、实物图、流程图如图 5.1 所示。

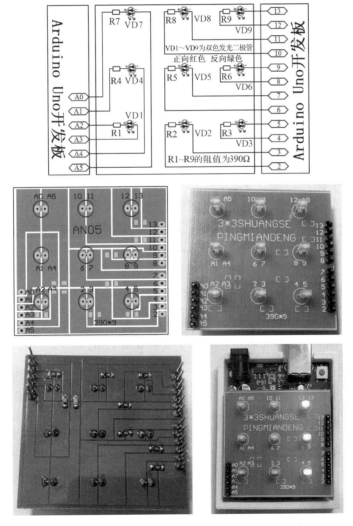

图 5.1　三阶平面灯电原理图、电路板图、实物图、流程图

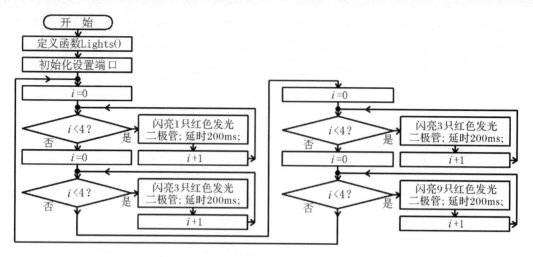

图 5.1 三阶平面灯电原理图、电路板图、实物图、流程图（续）

5.2 知识要点

田字格是一种用于规范汉字书写格式的模板，包括四边框、横中线、竖中线，共 9 个交叉点，将正方形分为左上格、左下格、右上格、右下格共 4 个格。田字格是小学生初学写字时的规范模板，每个汉字都有它的结构，如左右结构、上下结构、半包围结构等，学习本实验可为语文识字打下坚实的基础。

5.3 编程要点

（1）语句 void Lights(int pin4, int pin2, int pinA2, int pinA1, int pin6, int pin8, int pin12, int pin10, int pinA0, int pin5, int pin3, int pinA3, int pinA4, int pin7, int pin9, int pin13, int pin11, int pinA5) {}表示设置函数 Lights()，用于设置 18 个整型变量对应 Arduino Uno 开发板的 12 个数字端口+6 个模拟端口，前 9 个端口分别与 9 只双色发光二极管正极引脚连接，后 9 个端口分别与 9 只双色发光二极管负极引脚连接。

（2）语句 Lights(1, 0, 0, 0, 0, 0, 0, 0, 0, 0, 0, 0, 0, 0, 0, 0, 0, 0);表示函数 Lights()的第 1 个参数为 1，对应的端口 4（连接双色发光二极管 VD3 正极引脚）为高电平；其他 17 个参数为 0，对应的端口（连接其他双色发光二极管引脚）为低电平。因此，双色发光二极管 VD3 正向导通，发红光。

5.4 程序设计

（1）参考程序。

```
void    setup() {
```

```
    for (int i = 2; i < 14; i++) {
      pinMode(i, OUTPUT); //设置数字端口 2~13 为输出模式
    }
    pinMode(A0, OUTPUT); //设置模拟端口 A0 为输出模式
    pinMode(A1, OUTPUT); //设置模拟端口 A1 为输出模式
    pinMode(A2, OUTPUT); //设置模拟端口 A2 为输出模式
    pinMode(A3, OUTPUT); //设置模拟端口 A3 为输出模式
    pinMode(A4, OUTPUT); //设置模拟端口 A4 为输出模式
    pinMode(A5, OUTPUT); //设置模拟端口 A5 为输出模式
  }
  void  loop() {
    for (int i = 0; i < 3; i++) {//1 红
      Lights(1, 0, 0, 0, 0, 0, 0, 0, 0, 0, 0, 0, 0, 0, 0, 0, 0, 0);
delay(200);
      Lights(0, 1, 0, 0, 0, 0, 0, 0, 0, 0, 0, 0, 0, 0, 0, 0, 0, 0);
delay(200);
      Lights(0, 0, 1, 0, 0, 0, 0, 0, 0, 0, 0, 0, 0, 0, 0, 0, 0, 0);
delay(200);
      Lights(0, 0, 0, 0, 0, 1, 0, 0, 0, 0, 0, 0, 0, 0, 0, 0, 0, 0);
delay(200);
      Lights(0, 0, 0, 0, 1, 0, 0, 0, 0, 0, 0, 0, 0, 0, 0, 0, 0, 0);
delay(200);
      Lights(0, 0, 0, 1, 0, 0, 0, 0, 0, 0, 0, 0, 0, 0, 0, 0, 0, 0);
delay(200);
      Lights(0, 0, 0, 0, 0, 0, 1, 0, 0, 0, 0, 0, 0, 0, 0, 0, 0, 0);
delay(200);
      Lights(0, 0, 0, 0, 0, 0, 0, 1, 0, 0, 0, 0, 0, 0, 0, 0, 0, 0);
delay(200);
      Lights(0, 0, 0, 0, 0, 0, 0, 0, 1, 0, 0, 0, 0, 0, 0, 0, 0, 0);
delay(200);
    }
    for (int i = 0; i < 3; i++) {//3 红
      Lights(1, 1, 1, 0, 0, 0, 0, 0, 0, 0, 0, 0, 0, 0, 0, 0, 0, 0);
delay(200);
      Lights(0, 0, 0, 1, 1, 1, 0, 0, 0, 0, 0, 0, 0, 0, 0, 0, 0, 0);
delay(200);
      Lights(0, 0, 0, 0, 0, 0, 1, 1, 1, 0, 0, 0, 0, 0, 0, 0, 0, 0);
delay(200);
    }
    for (int i = 0; i < 3; i++) {//3 红
      Lights(1, 0, 0, 0, 0, 1, 1, 0, 0, 0, 0, 0, 0, 0, 0, 0, 0, 0);
```

```
delay(200);
    Lights(0, 1, 0, 0, 1, 0, 0, 1, 0, 0, 0, 0, 0, 0, 0, 0, 0);
delay(200);
    Lights(0, 0, 1, 1, 0, 0, 0, 0, 1, 0, 0, 0, 0, 0, 0, 0, 0);
delay(200);
    }
    for (int i = 0; i < 3; i++) {//9红
    Lights(1, 1, 1, 1, 1, 1, 1, 1, 1, 0, 0, 0, 0, 0, 0, 0, 0);
delay(300);
    Lights(0, 0, 0, 0, 0, 0, 0, 0, 0, 0, 0, 0, 0, 0, 0, 0, 0);
delay(300);
    }
}
void Lights(int pin4, int pin2, int pinA2, int pinA1, int pin6, int pin8, int pin12, int pin10, int pinA0, int pin5, int pin3, int pinA3, int pinA4, int pin7, int pin9, int pin13, int pin11, int pinA5) {
    digitalWrite(2, pin2);
    digitalWrite(3, pin3);
    digitalWrite(4, pin4);
    digitalWrite(5, pin5);
    digitalWrite(6, pin6);
    digitalWrite(7, pin7);
    digitalWrite(8, pin8);
    digitalWrite(9, pin9);
    digitalWrite(10, pin10);
    digitalWrite(11, pin11);
    digitalWrite(12, pin12);
    digitalWrite(13, pin13);
    digitalWrite(A0, pinA0);
    digitalWrite(A1, pinA1);
    digitalWrite(A2, pinA2);
    digitalWrite(A3, pinA3);
    digitalWrite(A4, pinA4);
    digitalWrite(A5, pinA5);
}
```

（2）实验结果。

代码上传成功后，将电路板 AN05 安装到 Arduino Uno 开发板上，并接通电源，红色发光二极管逐只闪亮，循环 3 次；3 只红色发光二极管横向成排向上流动闪亮，循环 3 次；3 只红色发光二极管纵向成排向左流动闪亮，循环 3 次；9 只红色发光二极管一起闪亮 3 次，以此循环。

5.5 拓展与挑战

代码上传成功后,将电路板 AN05 安装到 Arduino Uno 开发板上,并接通电源,绿色发光二极管逐只闪亮,循环 3 次;3 只绿色发光二极管横向成排向上流动闪亮,循环 3 次;3 只绿色发光二极管纵向成排向左流动闪亮,循环 3 次;9 只绿色发光二极管一起闪亮 3 次,以此循环。

实验 6　三阶立方灯

三阶立方灯是用 3×3×3=27 只双色发光二极管组成的立方体造型灯。

6.1　实验描述

运用 Arduino Uno 开发板编程控制三阶立方灯。三阶立方灯电原理图、电路板图、实物图如图 6.1 所示。

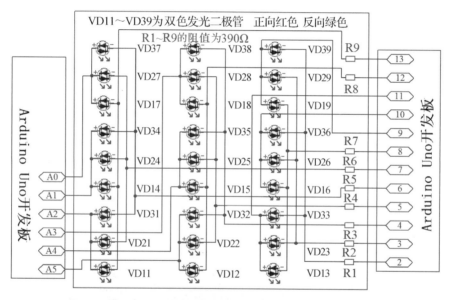

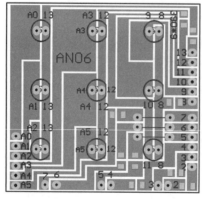

图 6.1　三阶立方灯电原理图、电路板图、实物图、流程图

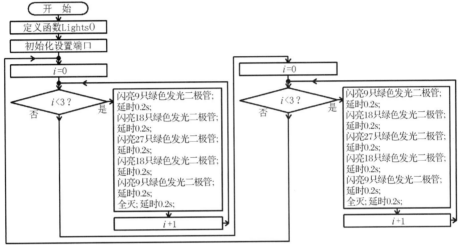

图 6.1　三阶立方灯电原理图、电路板图、实物图、流程图（续）

6.2　知识要点

点，在几何学上是指在空间中只有位置、没有大小的图形。例如，线段的端点、两条直线相交处的交点都属于点。

线，在几何学上是指在空间中沿相同或相反方向运动的轨迹。线是由点组成的图形，有位置和一个维度的方向，没有粗细。例如，线段有两个端点，有长度，属于线。

面，在几何学上是指在空间中线移动所生成的形迹。面也是由点组成的图形，有位置和两个维度的方向，没有高度。例如，正方形有长度、宽度，且都相等，属于面。

体，在几何学上是指在空间中具有长、宽、高的结构。体也是由点组成的图形，有位置和三个维度的方向。例如，立方体有长度、宽度、高度，且都相等，属于体。

6.3　编程要点

（1）语句 void Lights(int pin11, int pinA5, int pinA2, int pin10, int pinA4, int pinA1, int pin9, int pinA3, int pinA0, int pin8, int pin12, int pin13, int pin3, int

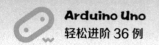

pin5, int pin7, int pin2, int pin4, int pin6) {}表示设置函数 Lights()，用于设置 18 个整型变量对应 Arduino Uno 开发板的 12 个数字端口+6 个模拟端口，前 9 个端口分别与 27 只双色发光二极管正极引脚连接，后 9 个端口分别与 27 只双色发光二极管负极引脚连接。

（2）语句 Lights(1, 1, 0, 1, 1, 0, 1, 1, 0, 1, 1, 1, 1, 1, 1, 1, 1, 1);表示函数 Lights()的第 3、6、9 个参数为 0，对应的端口 A2、A1、A0（连接双色发光二极管 VD11、VD21、VD31、VD14、VD24、VD34、VD17、VD27、VD37 正极引脚）为低电平；其他 12 个参数为 1，对应的端口（连接其他双色发光二极管引脚）为高电平。因此，双色发光二极管 VD11、VD21、VD31、VD14、VD24、VD34、VD17、VD27、VD37 反向导通，发绿光。

6.4　程序设计

（1）参考程序。

```
void    setup() {
  for (int i = 2; i < 14; i++) {
    pinMode(i, OUTPUT); //设置数字端口 2~13 为输出模式
  }
  pinMode(A0, OUTPUT); //设置模拟端口 A0 为输出模式
  pinMode(A1, OUTPUT); //设置模拟端口 A1 为输出模式
  pinMode(A2, OUTPUT); //设置模拟端口 A2 为输出模式
  pinMode(A3, OUTPUT); //设置模拟端口 A3 为输出模式
  pinMode(A4, OUTPUT); //设置模拟端口 A4 为输出模式
  pinMode(A5, OUTPUT); //设置模拟端口 A5 为输出模式
}
void    loop() {
  for (int i = 0; i < 3; i++) {
    //9 绿，左竖面
    Lights(1, 1, 0, 1, 1, 0, 1, 1, 0, 1, 1, 1, 1, 1, 1, 1, 1, 1);
delay(200);
    //18 绿，左竖面+中竖面
    Lights(1, 0, 0, 1, 0, 0, 1, 0, 0, 1, 1, 1, 1, 1, 1, 1, 1, 1);
delay(200);
    //27 绿
    Lights(0, 0, 0, 0, 0, 0, 0, 0, 0, 1, 1, 1, 1, 1, 1, 1, 1, 1);
delay(200);
    //18 绿，中竖面+右竖面
    Lights(0, 0, 1, 0, 0, 1, 0, 0, 1, 1, 1, 1, 1, 1, 1, 1, 1, 1);
delay(200);
```

```
        //9 绿，右竖面
        Lights(0, 1, 1, 0, 1, 1, 0, 1, 1, 1, 1, 1, 1, 1, 1, 1, 1, 1);
delay(200);
        //全灭
        Lights(1, 1, 1, 1, 1, 1, 1, 1, 1, 1, 1, 1, 1, 1, 1, 1, 1, 1);
delay(200);
    }
    for (int i = 0; i < 3; i++) {
        //9 绿，上层
        Lights(0, 0, 0, 0, 0, 0, 0, 0, 0, 0, 0, 0, 0, 0, 0, 1, 1, 1);delay(200);
        //18 绿，上层+中层
        Lights(0, 0, 0, 0, 0, 0, 0, 0, 0, 0, 0, 0, 1, 1, 1, 1, 1, 1);delay(200);
        //27 绿，下层
        Lights(0, 0, 0, 0, 0, 0, 0, 0, 0, 1, 1, 1, 1, 1, 1, 1, 1, 1);delay(200);
        //18 绿，中层+下层
        Lights(0, 0, 0, 0, 0, 0, 0, 0, 0, 1, 1, 1, 1, 1, 1, 0, 0, 0);delay(200);
        //9 绿，下层
        Lights(0, 0, 0, 0, 0, 0, 0, 0, 0, 1, 1, 1, 0, 0, 0, 0, 0, 0);delay(200);
        //全灭
        Lights(0, 0, 0, 0, 0, 0, 0, 0, 0, 0, 0, 0, 0, 0, 0, 0, 0, 0);delay(200);
    }
}
void Lights(int pin11, int pinA5, int pinA2, int pin10, int pinA4,
int pinA1, int pin9, int pinA3, int pinA0, int pin8, int pin12, int
pin13, int pin3, int pin5, int pin7, int pin2, int pin4, int pin6) {
    digitalWrite(2, pin2);
    digitalWrite(3, pin3);
    digitalWrite(4, pin4);
    digitalWrite(5, pin5);
    digitalWrite(6, pin6);
    digitalWrite(7, pin7);
    digitalWrite(8, pin8);
    digitalWrite(9, pin9);
    digitalWrite(10, pin10);
    digitalWrite(11, pin11);
    digitalWrite(12, pin12);
    digitalWrite(13, pin13);
    digitalWrite(A0, pinA0);
    digitalWrite(A1, pinA1);
    digitalWrite(A2, pinA2);
    digitalWrite(A3, pinA3);
```

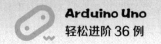

```
    digitalWrite(A4, pinA4);
    digitalWrite(A5, pinA5);
}
```

（2）实验结果。

代码上传成功后，将电路板 AN06 安装到 Arduino Uno 开发板上，并接通电源。模式一：左竖面 9 只绿色发光二极管闪亮；左竖面+中竖面 18 只绿色发光二极管闪亮；27 只绿色发光二极管闪亮；中竖面+右竖面 18 只绿色发光二极管闪亮；右竖面 9 只绿色发光二极管闪亮；所有发光二极管全都熄灭，循环 3 次后进入模式二。模式二：上层 9 只绿色发光二极管闪亮；上层+中层 18 只绿色发光二极管闪亮；27 只绿色发光二极管闪亮；中层+下层 18 只绿色发光二极管闪亮；下层 9 只绿色发光二极管闪亮；所有发光二极管全都熄灭，循环 3 次后进入模式一，以此循环。

6.5 拓展与挑战

代码上传成功后，将电路板 AN06 安装到 Arduino Uno 开发板上，并接通电源。模式一：左竖面 9 只红色发光二极管闪亮；左竖面+中竖面 18 只红色发光二极管闪亮；27 只红色发光二极管闪亮；中竖面+右竖面 18 只红色发光二极管闪亮；右竖面 9 只红色发光二极管闪亮；所有发光二极管全都熄灭，循环 3 次后进入模式二。模式二：上层 9 只红色发光二极管闪亮；上层+中层 18 只红色发光二极管闪亮；27 只红色发光二极管闪亮；中层+下层 18 只红色发光二极管闪亮；下层 9 只红色发光二极管闪亮；所有发光二极管全都熄灭，循环 3 次后进入模式一，以此循环。

提示：

左竖面 9 只红色发光二极管闪亮代码为 Lights(0,0,1,0,0,1,0,0,1,0,0,0,0,0,0,0,0,0);。

右竖面 9 只红色发光二极管闪亮代码为 Lights(1,0,0,1,0,0,1,0,0,0,0,0,0,0,0,0,0,0);。

上层 9 只红色发光二极管闪亮代码为 Lights(1,1,1,1,1,1,1,1,1,1,1,1,1,1,1,0,0,0);。

下层 9 只红色发光二极管闪亮代码为 Lights(1,1,1,1,1,1,1,1,1,0,0,0,1,1,1,1,1,1);。

实验 7 四阶平面灯

四阶平面灯是用 4×4=16 只双色发光二极管组成的平面九宫格造型灯。

7.1 实验描述

运用 Arduino Uno 开发板编程控制四阶平面灯。四阶平面灯电原理图、电路板图、实物图、流程图如图 7.1 所示。

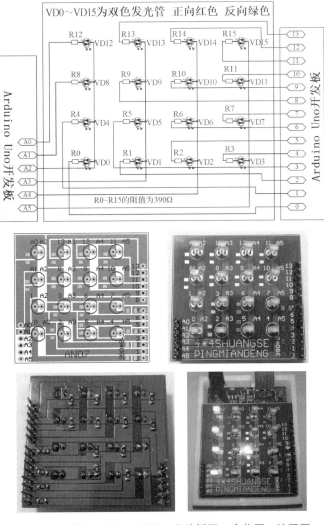

图 7.1 四阶平面灯电原理图、电路板图、实物图、流程图

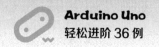

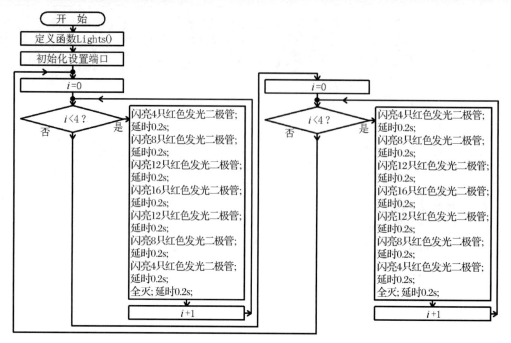

图 7.1 四阶平面灯电原理图、电路板图、实物图、流程图（续）

7.2 知识要点

九宫格，原指一种数字游戏，即在 3×3 方格盘上，随意摆放 8 个分别带有数字 1 至 8 的小木块，空格周边的小木块可移动至空格内，玩家需要将小木块按 12345678 的顺序重新排好。九宫格数字游戏主要用于娱乐兼锻炼逻辑推理能力。九宫格由 4 条水平线和 4 条竖直线交叉形成外圈 12 点，内圈 4 点，共 9 个方格，摄影爱好者常运用九宫格分割图形，把要拍摄的主体对象放在内圈 4 点中的一个点上，这样构图符合人们的审美情趣，这种构图法又叫九宫格构图法。

7.3 编程要点

（1）语句 void Lights(int pin0, int pin2, int pin5, int pin4, int pin1, int pin3, int pin6, int pin7, int pinA1, int pin8, int pin9, int pin10, int pinA0, int pin13, int pin12, int pin11, int pinA2, int pinA3, int pinA4, int pinA5) {}表示设置函数 Lights()，用于设置 20 个整型变量对应 Arduino Uno 开发板的 14 个数字端口+6 个模拟端口，前 16 个端口分别与 16 只双色发光二极管正极引脚连接，后 4 个端口分别与 16 只双色发光二极管负极引脚连接。

（2）语句 Lights(1, 0, 0, 0, 1, 0, 0, 0, 1, 0, 0, 0, 1, 0, 0, 0, 0, 0, 0, 0);表示函数 Lights()的第 1、5、9、13 个参数为 1，对应的端口 0、1、A1、A0（连接双色发光二极管 VD0、

VD4、VD8、VD12 正极引脚）为高电平；其他 16 个参数为 0，对应的端口（连接其他双色发光二极管引脚）为低电平。因此，双色发光二极管 VD0、VD4、VD8、VD12 正向导通，发红光。

7.4 程序设计

（1）参考程序。

```
void    setup() {
  for (int i = 0; i < 14; i++) {
    pinMode(i, OUTPUT); //设置数字端口 0～13 为输出模式
  }
  pinMode(A0, OUTPUT); //设置模拟端口 A0 为输出模式
  pinMode(A1, OUTPUT); //设置模拟端口 A1 为输出模式
  pinMode(A2, OUTPUT); //设置模拟端口 A2 为输出模式
  pinMode(A3, OUTPUT); //设置模拟端口 A3 为输出模式
  pinMode(A4, OUTPUT); //设置模拟端口 A4 为输出模式
  pinMode(A5, OUTPUT); //设置模拟端口 A5 为输出模式
}
void    loop() {
  for (int i = 0; i < 4; i++) {
    //4 红，左第 1 列
    Lights(1, 0, 0, 0, 1, 0, 0, 0, 1, 0, 0, 0, 1, 0, 0, 0, 0, 0, 0, 0); delay(200);
    //8 红，左第 1 列和第 2 列
    Lights(1, 1, 0, 0, 1, 1, 0, 0, 1, 1, 0, 0, 1, 1, 0, 0, 0, 0, 0, 0); delay(200);
    //12 红，左第 1 列、第 2 列和第 3 列
    Lights(1, 1, 1, 0, 1, 1, 1, 0, 1, 1, 1, 0, 1, 1, 1, 0, 0, 0, 0, 0); delay(200);
    //16 红，左第 1 列、第 2 列、第 3 列和第 4 列
    Lights(1, 1, 1, 1, 1, 1, 1, 1, 1, 1, 1, 1, 1, 1, 1, 1, 0, 0, 0, 0); delay(200);
    //12 红，左第 2 列、第 3 列和第 4 列
    Lights(0, 1, 1, 1, 0, 1, 1, 1, 0, 1, 1, 1, 0, 1, 1, 1, 0, 0, 0, 0); delay(200);
    //8 红，左第 3 列和第 4 列
    Lights(0, 0, 1, 1, 0, 0, 1, 1, 0, 0, 1, 1, 0, 0, 1, 1, 0, 0, 0, 0); delay(200);
    //4 红，左第 4 列
```

```
        Lights(0, 0, 0, 1, 0, 0, 0, 1, 0, 0, 0, 1, 0, 0, 0, 1, 0, 0, 0, 0);
delay(200);
        //0 红，全灭
        Lights(0, 0, 0, 0, 0, 0, 0, 0, 0, 0, 0, 0, 0, 0, 0, 0, 0, 0, 0, 0);
delay(200);
    }
    for (int i = 0; i < 4; i++) {
        //4 红，上第 1 行
        Lights(0, 0, 0, 0, 0, 0, 0, 0, 0, 0, 0, 0, 1, 1, 1, 1, 0, 0, 0, 0);
delay(200);
        //8 红，上第 1 行和第 2 行
        Lights(0, 0, 0, 0, 0, 0, 0, 0, 1, 1, 1, 1, 1, 1, 1, 1, 0, 0, 0, 0);
delay(200);
        //12 红，上第 1 行、第 2 行和第 3 行
        Lights(0, 0, 0, 0, 1, 1, 1, 1, 1, 1, 1, 1, 1, 1, 1, 1, 0, 0, 0, 0);
delay(200);
        //16 红，上第 1 行、第 2 行、第 3 行和第 4 行
        Lights(1, 1, 1, 1, 1, 1, 1, 1, 1, 1, 1, 1, 1, 1, 1, 1, 0, 0, 0, 0);
delay(200);
        //12 红，上第 2 行、第 3 行和第 4 行
        Lights(1, 1, 1, 1, 1, 1, 1, 1, 1, 1, 1, 1, 0, 0, 0, 0, 0, 0, 0, 0);
delay(200);
        //8 红，上第 3 行和第 4 行
        Lights(1, 1, 1, 1, 1, 1, 1, 1, 0, 0, 0, 0, 0, 0, 0, 0, 0, 0, 0, 0);
delay(200);
        //4 红，上第 4 行
        Lights(1, 1, 1, 1, 0, 0, 0, 0, 0, 0, 0, 0, 0, 0, 0, 0, 0, 0, 0, 0);
delay(200);
        //0 红，全灭
        Lights(0, 0, 0, 0, 0, 0, 0, 0, 0, 0, 0, 0, 0, 0, 0, 0, 0, 0, 0, 0);
delay(200);
    }
}
    void Lights(int pin0, int pin2, int pin5, int pin4,
            int pin1, int pin3, int pin6, int pin7,
            int pinA1, int pin8, int pin9, int pin10,
            int pinA0, int pin13, int pin12, int pin11,
            int pinA2, int pinA3, int pinA4, int pinA5) {
    digitalWrite(0, pin0);
    digitalWrite(1, pin1);
```

```
    digitalWrite(2, pin2);
    digitalWrite(3, pin3);
    digitalWrite(4, pin4);
    digitalWrite(5, pin5);
    digitalWrite(6, pin6);
    digitalWrite(7, pin7);
    digitalWrite(8, pin8);
    digitalWrite(9, pin9);
    digitalWrite(10, pin10);
    digitalWrite(11, pin11);
    digitalWrite(12, pin12);
    digitalWrite(13, pin13);
    digitalWrite(A0, pinA0);
    digitalWrite(A1, pinA1);
    digitalWrite(A2, pinA2);
    digitalWrite(A3, pinA3);
    digitalWrite(A4, pinA4);
    digitalWrite(A5, pinA5);
}
```

（2）实验结果。

代码上传成功后，将电路板 AN07 安装到 Arduino Uno 开发板上，并接通电源。模式一：左第 1 列 4 只红色发光二极管闪亮；左第 1 列和第 2 列 8 只红色发光二极管闪亮；左第 1 列、第 2 列和第 3 列 12 只红色发光二极管闪亮；左第 1 列、第 2 列、第 3 列和第 4 列 16 只红色发光二极管闪亮；左第 2 列、第 3 列和第 4 列 12 只红色发光二极管闪亮；左第 3 列和第 4 列 8 只红色发光二极管闪亮；左第 4 列 4 只红色发光二极管闪亮；所有发光二极管全都熄灭，循环 4 次后进入模式二。模式二：上第 1 行 4 只红色发光二极管闪亮；上第 1 行和第 2 行 8 只红色发光二极管闪亮；上第 1 行、第 2 行和第 3 行 12 只红色发光二极管闪亮；上第 1 行、第 2 行、第 3 行和第 4 行 16 只红色发光二极管闪亮；上第 2 行、第 3 行和第 4 行 12 只红色发光二极管闪亮；上第 3 行和第 4 行 8 只红色发光二极管闪亮；上第 4 行 4 只红色发光二极管闪亮；所有发光二极管全都熄灭，循环 4 次后进入模式一，以此循环。

7.5 拓展与挑战

代码上传成功后，将电路板 AN07 安装到 Arduino Uno 开发板上，并接通电源。模式一：左第 1 列 4 只绿色发光二极管闪亮；左第 1 列和第 2 列 8 只绿色发光二极管闪亮；左第 1 列、第 2 列和第 3 列 12 只绿色发光二极管闪亮；左第 1 列、第 2 列、第 3 列和第

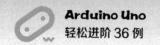

4列16只绿色发光二极管闪亮；左第2列、第3列和第4列12只绿色发光二极管闪亮；左第3列和第4列8只绿色发光二极管闪亮；左第4列4只绿色发光二极管闪亮；所有发光二极管全都熄灭，循环4次后进入模式二。模式二：上第1行4只绿色发光二极管闪亮；上第1行和第2行8只绿色发光二极管闪亮；上第1行、第2行和第3行12只绿色发光二极管闪亮；上第1行、第2行、第3行和第4行16只绿色发光二极管闪亮；上第2行、第3行和第4行12只绿色发光二极管闪亮；上第3行和第4行8只绿色发光二极管闪亮；上第4行4只绿色发光二极管闪亮；所有发光二极管全都熄灭，循环4次后进入模式一，以此循环。

提示：

左第1列4只绿色发光二极管闪亮代码为Lights(0,1,1,1,0,1,1,1,0,1,1,1,0,1,1,1,1,1);。

左第4列4只绿色发光二极管闪亮代码为Lights(1,1,1,0,1,1,1,0,1,1,1,0,1,1,1,0,1,1,1,1);。

上第1行4只绿色发光二极管闪亮代码为Lights(1,1,1,1,1,1,1,1,1,1,1,1,0,0,0,0,1,1,1,1);。

上第4行4只绿色发光二极管闪亮代码为Lights(0,0,0,0,1,1,1,1,1,1,1,1,1,1,1,1,1,1,1,1);。

实验 8　四阶立方灯

四阶立方灯是用 4×4×4=64 只双色发光二极管组成的立方体造型灯。

8.1　实验描述

运用 Arduino Uno 开发板编程控制四阶立方灯。四阶立方灯电原理图、电路板图、实物图、流程图如图 8.1 所示。

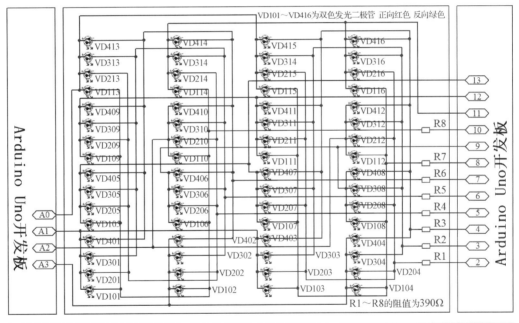

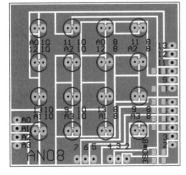  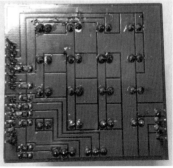

图 8.1　四阶立方灯电原理图、电路板图、实物图、流程图

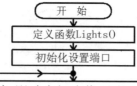

图 8.1 四阶立方灯电原理图、电路板图、实物图、流程图（续）

8.2 知识要点

平面，在几何学上是指在空间中到两点距离相同的点的轨迹。平面没有边界，没有面积，没有质量。三角形、正方形、圆形这些图形的点都在同一平面上，因此它们又被称为平面图形。

立体，在几何学上是指在空间中具有长、宽、高的形体。例如，正方体、圆柱体、球体这些图形的点不都在同一平面上，因此它们又被称为立体图形。

8.3 编程要点

（1）语句 void Lights(int pinA1, int pinA3, int pin13, int pin9,int pin12, int pinA2, int pinA0, int pin11,int pin10, int pin8, int pin5, int pin2,int pin6, int pin3, int pin7, int pin4) {}表示设置函数 Lights()，用于设置 16 个整型变量对应 Arduino Uno 开发板的 12 个数字端口+4 个模拟端口，前 8 个端口分别与 64 只双色发光二极管正极引脚连接，后 8 个端口分别与 64 只双色发光二极管负极引脚连接。

（2）语句 Lights(1,1,1,1,1,1,1,1,1,0,1,1,1,1,1,1);表示函数 Lights()的第 10 个参数为 0，对应的端口 8（连接双色发光二极管 VD103、VD104、VD107、VD108、VD111、VD112、VD115、VD116 负极引脚）为低电平；其他参数为 1，对应的端口（连接其他双色发光二极管引脚）为高电平。因此，双色发光二极管 VD103、VD104、VD107、VD108、VD111、VD112、VD115、VD116 正向导通，发红光。

8.4 程序设计

（1）参考程序。

```
void    setup() {
  for (int i = 2; i < 14; i++) {
    pinMode(i, OUTPUT);  //设置数字端口 2～13 为输出模式
  }
  pinMode(A0, OUTPUT);  //设置模拟端口 A0 为输出模式
  pinMode(A1, OUTPUT);  //设置模拟端口 A1 为输出模式
  pinMode(A2, OUTPUT);  //设置模拟端口 A2 为输出模式
  pinMode(A3, OUTPUT);  //设置模拟端口 A3 为输出模式
}
void    loop() {
Lights(1,1,1,1,1,1,1,1,1,0,1,1,1,1,1,1);delay(250);//8 红，上第 4 层左第 3、4 列
Lights(1,1,1,1,1,1,1,1,0,1,1,1,1,1,1,1);delay(250);//8 红，上第 4 层左第 1、2 列
Lights(1,1,1,1,1,1,1,1,1,1,0,1,1,1,1,1);delay(250);//8 红，上第 3 层左第 3、4 列
Lights(1,1,1,1,1,1,1,1,1,1,1,0,1,1,1,1);delay(250);//8 红，上第 3 层左第 1、2 列
Lights(1,1,1,1,1,1,1,1,1,1,1,1,0,1,1,1);delay(250);//8 红，上第 2 层左第 3、4 列
Lights(1,1,1,1,1,1,1,1,1,1,1,1,1,0,1,1);delay(250);//8 红，上第 2 层左第 1、2 列
Lights(1,1,1,1,1,1,1,1,1,1,1,1,1,1,0,1);delay(250);//8 红，上第 1 层左第 3、4 列
Lights(1,1,1,1,1,1,1,1,1,1,1,1,1,1,1,0);delay(250);//8 红，上第 1 层左第 1、2 列
Lights(1,1,1,1,1,1,1,1,0,0,1,1,1,1,1,1);delay(500);//16 红，上第 4 层
Lights(1,1,1,1,1,1,1,1,1,1,0,0,1,1,1,1);delay(500);//16 红，上第 3 层
Lights(1,1,1,1,1,1,1,1,1,1,1,1,0,0,1,1);delay(500);//16 红，上第 2 层
Lights(1,1,1,1,1,1,1,1,1,1,1,1,1,1,0,0);delay(500);//16 红，上第 1 层
Lights(1,1,1,1,1,1,1,1,0,0,1,1,1,1,1,1);delay(500);//16 红，上第 4 层
Lights(1,1,1,1,1,1,1,1,0,0,0,0,1,1,1,1);delay(500);//32 红，上第 3、4 层
Lights(1,1,1,1,1,1,1,1,0,0,0,0,0,0,1,1);delay(500);//48 红，上第 2、3、4 层
Lights(1,1,1,1,1,1,1,1,0,0,0,0,0,0,0,0);delay(1000);//64 红
Lights(1,1,1,1,1,1,1,1,1,1,0,0,0,0,0,0);delay(500);//48 红，上第 1、2、3 层
Lights(1,1,1,1,1,1,1,1,1,1,1,1,0,0,0,0);delay(500);//32 红，上第 1、2 层
Lights(1,1,1,1,1,1,1,1,1,1,1,1,1,1,0,0);delay(500);//16 红，上第 1 层
Lights(1,1,1,1,1,1,1,1,1,1,1,1,1,1,1,1);delay(1000);//全都熄灭
}
void Lights(int pinA1, int pinA3, int pin13, int pin9,int pin12, int pinA2, int pinA0, int pin11,int pin10, int pin8, int pin5, int pin2,int pin6, int pin3, int pin7, int pin4) {
    digitalWrite(2, pin2);
    digitalWrite(3, pin3);
    digitalWrite(4, pin4);
```

```
    digitalWrite(5, pin5);
    digitalWrite(6, pin6);
    digitalWrite(7, pin7);
    digitalWrite(8, pin8);
    digitalWrite(9, pin9);
    digitalWrite(10, pin10);
    digitalWrite(11, pin11);
    digitalWrite(12, pin12);
    digitalWrite(13, pin13);
    digitalWrite(A0, pinA0);
    digitalWrite(A1, pinA1);
    digitalWrite(A2, pinA2);
    digitalWrite(A3, pinA3);
}
```

（2）实验结果。

代码上传成功后，将电路板 AN08 安装到 Arduino Uno 开发板上，并接通电源，8 只红色发光二极管由下向上闪亮；16 只红色发光二极管由下向上闪亮；16 只、32 只、48 只、64 只、48 只、32 只、16 只红色发光二极管由下向上闪亮；所有发光二极管全都熄灭，以此循环。

8.5 拓展与挑战

代码上传成功后，将电路板 AN08 安装到 Arduino Uno 开发板上，并接通电源。8 只绿色发光二极管由上至下闪亮；16 只绿色发光二极管由上至下闪亮；16 只、32 只、48 只、64 只、48 只、32 只、16 只绿色发光二极管由上至下闪亮；所有发光二极管全都熄灭，以此循环。

提示：

上第 1 层左第 1、2 列 8 只绿色发光二极管闪亮代码为 Lights(0,0,0,0,0,0,0,0,0,0,0,0,0,1,0);。

上第 1 层左第 3、4 列 8 只绿色发光二极管闪亮代码为 Lights(0,0,0,0,0,0,0,0,0,0,0,0,0,0,1);。

上第 1 层 16 只绿色发光二极管闪亮代码为 Lights(0,0,0,0,0,0,0,0,0,0,0,0,0,1,1);。

上第 1、2 层 32 只绿色发光二极管闪亮代码为 Lights(0,0,0,0,0,0,0,0,0,0,1,1,1,1);。

上第 1、2、3 层 48 只绿色发光二极管闪亮代码为 Lights(0,0,0,0,0,0,0,1,1,1,1,1,1);。

64 只绿色发光二极管闪亮代码为 Lights(0,0,0,0,0,0,0,1,1,1,1,1,1,1,1);。

实验 9　七彩发光环

你知道一些彩色 LED 灯带、彩色 LED 显示屏、彩色 LED 动漫造型轮廓灯的核心器件是什么吗？是可发出红光、绿光、蓝光及其组合颜色光的智能控制 LED 光源，器件型号是 WS2812，该器件内置控制电路与 RGB 芯片，外形尺寸为 5mm×5mm×1mm。最神奇的是，该器件通过一种单总线接口和外界通信，可将众多器件串联起来，组成彩色 LED 灯带、彩色 LED 显示屏、彩色 LED 动漫造型轮廓灯，运用编程控制方式可产生彩虹般绚丽的色彩和梦幻般的动感效果。

9.1　实验描述

运用 Arduino Uno 开发板编程控制七彩发光环模块 WS2812-8。七彩发光环电原理图、电路板图、实物图、流程图如图 9.1 所示。

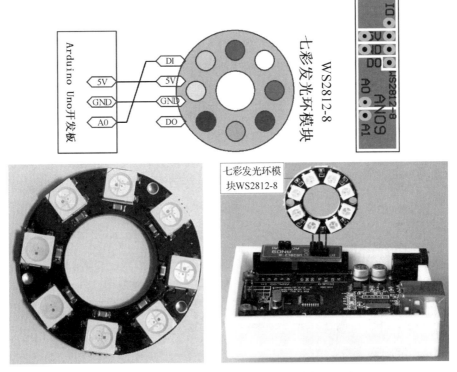

图 9.1　七彩发光环电原理图、电路板图、实物图、流程图

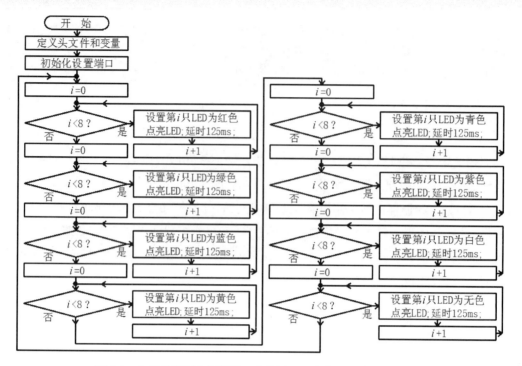

图 9.1 七彩发光环电原理图、电路板图、实物图、流程图（续）

9.2 知识要点

（1）七彩发光环模块 WS2812-8。

七彩发光环模块 WS2812-8 是由 8 只智能控制 LED 光源 WS2812 组成的发光环，智能控制 LED 光源 WS2812 将 RGB 芯片及控制电路集成在 5050 封装组件内，可发出红色、绿色、蓝色及其组合颜色光。每只智能控制 LED 光源 WS2812 就是一个像素点，每个像素点内均包含智能数字连接端口（DI、DO）、数据锁存电路、信号整形放大电路、高精度内部振荡器、12V 高压可编程电流控制电路等。像素点与像素点之间采用单线归零码通信方式通信，像素点上电复位后，第一个像素点的 DI 端口接收从控制器发送过来的数据，数据锁存电路提取 24bit 数据，剩余的数据经信号整形放大电路处理后，通过 DO 端口输出给下一个像素点的 DI 端口。每经过一个像素点，输出数据都将减少 24bit。由于采用了信号整形放大技术，因此像素点的级联个数不受信号传输质量的限制，仅受信号传输速率的限制。此种 LED 光源具有驱动电压低、环保节能、亮度高、散射大、一致性好、功耗超低、使用寿命超长、电路简单、安装方便、光的颜色高度一致、性价比高等优点，主要用于 LED 点光源、像素屏、异形屏、流水灯、跑马灯、造型灯，以及各种电子产品、电气设备等。

七彩发光环模块 WS2812-8 中包含 8 个像素点，每个像素点内置控制电路，只需一个 IO 口即可实现三基色 256 级亮度显示，像素点与像素点之间串行级联，通过一根信号线完成数据的接收与解码,任意两个像素点之间的传传输距离在不超过 5m 时无须增加任何电路。当刷新速率为 30 帧/s 时,级联数不小于 1024 点,数据发送速度可达 800Kbit/s。WS2812-8 模块有 4 个引脚,分别是数据输入端口 DI、电源正极端口 5V、电源负极端口 GND、数据输出端口 DO,工作电压为 3.5~5.3V。

(2)光的三基色。

光的三基色为红光(Red,用字母 R 表示)、绿光(Green,用字母 G 表示)、蓝光(Blue,用字母 B 表示)。光的三基色组合颜色:红+绿=黄,绿+蓝=青,红+蓝=紫,红+绿+蓝=白。

9.3 编程要点

(1)语句#include <Adafruit_NeoPixel.h> 表示定义头文件,即调用库函数文件。在编译 Arduino 程序文件前,必须首先联网安装头文件,然后 Arduino IDE 软件才能正常编译。安装头文件 Adafruit_NeoPixel.h 的方法:单击 Arduino IDE 软件界面菜单栏中的"项目"→"加载库"→"管理库",在打开的库管理器中输入 Adafruit_NeoPixel.h,按回车键,开始搜索 Adafruit_NeoPixel.h 的相关链接,选择安装文件后进行安装,然后重启软件即可。

特别说明:本书参考程序中,凡涉及头文件,必须在编译文件前下载并安装头文件,否则在编译时将报告发生错误。

#include 用于调用程序以外的库函数文件,如标准 C 库、Arduino 库、AVR C 库等。需要注意的是,#include 和#define 一样,不能在结尾加分号。

(2)语句 strip.setPixelColor(i, 255, 0, 0);表示设置第 i 只 LED 的 RGB 值为红色值。参数 1 表示第 i 个 LED,参数 2 为 LED 的 RGB 值的红色值,参数 3 为 LED 的 RGB 值的绿色值,参数 4 为 LED 的 RGB 值的蓝色值。

查看 RGB 值对应颜色的方法:打开 Word 文档中"字体颜色"→"其他颜色"→"自定义",选择颜色模式为"RGB",在"红色"右侧文本框中输入"255",在"绿色"右侧文本框中输入"0",在"蓝色"右侧文本框中输入"0",则"新增"下方将显示红色。在"红色"右侧文本框中输入"255",在"绿色"右侧文本框中输入"255",在"蓝色"右侧文本框中输入"0",则"新增"下方将显示黄色。

9.4 程序设计

(1)参考程序。
```
//定义头文件,这是智能控制 LED 光源 WS2812 库函数文件
#include <Adafruit_NeoPixel.h>
```

```
#define led_numbers 8//定义LED光源数量
#define PIN A0//定义控制引脚为模拟端口A0
//NEO_GRB + NEO_KHZ800 为像素类型标志
//NEO_KHZ800是大多数LED灯带驱动类型
//NEO_GRB是大多数LED灯带像素显示类型
Adafruit_NeoPixel strip = Adafruit_NeoPixel(led_numbers, PIN, NEO_GRB + NEO_KHZ800);
void setup() {
  pinMode(A0, OUTPUT);//设置模拟端口A0为输出模式
  strip.begin();//初始化LED灯带
  strip.setBrightness(50);//设置亮度值为最大值(255)的约1/5
}
void loop() {
  for (int i = 0; i < 8; i++) {
    strip.setPixelColor(i, 255, 0, 0);//设置第i只LED的RGB值为红色值
    strip.show();//点亮LED灯带
    delay(125);//延时125ms
  }
  for (int i = 0; i < 8; i++) {
    strip.setPixelColor(i, 0, 255, 0);//设置第i只LED的RGB值为绿色值
    strip.show();//点亮LED灯带
    delay(125);//延时125ms
  }
  for (int i = 0; i < 8; i++) {
    strip.setPixelColor(i, 0, 0, 255);//设置第i只LED的RGB值为蓝色值
    strip.show();//点亮LED灯带
    delay(125);//延时125ms
  }
  for (int i = 0; i < 8; i++) {
    strip.setPixelColor(i, 255, 255, 0);//黄色
    strip.show();//点亮LED灯带
    delay(125);//延时125ms
  }
  for (int i = 0; i < 8; i++) {
    strip.setPixelColor(i, 0, 255, 255);//青色
    strip.show();//点亮LED灯带
    delay(125);//延时125ms
  }
  for (int i = 0; i < 8; i++) {
    strip.setPixelColor(i, 255, 0, 255);//紫色
```

```
      strip.show();//点亮 LED 灯带
      delay(125);//延时 125ms
   }
   for (int i = 0; i < 8; i++) {
      strip.setPixelColor(i, 255, 255, 255);//白色
      strip.show();//点亮 LED 灯带
      delay(125);//延时 125ms
   }
   for (int i = 0; i < 8; i++) {
      strip.setPixelColor(i, 0, 0, 0);//无色
      strip.show();//点亮 LED 灯带
      delay(125);//延时 125ms
   }
}
```

（2）实验结果。

代码上传成功后，将电路板 AN09 安装到 Arduino Uno 开发板上，并接通电源，七彩发光环模块 WS2812-8 首先以红色光点逐个点亮，然后以绿色光点逐个点亮，接下来以蓝色光点、黄色光点、青色光点、紫色光点、白色光点逐个点亮，最后白色光点逐个熄灭，以此循环。

9.5 拓展与挑战

代码上传成功后，将电路板 AN09 安装到 Arduino Uno 开发板上，并接通电源，七彩发光环模块 WS2812-8 首先点亮红色光环 1s，然后点亮绿色光环 1s，接下来点亮蓝色光环、黄色光环、青色光环、紫色光环、白色光环各 1s，最后白色光环熄灭 1s，以此循环。

提示：

点亮红色光环 1s 的参考程序如下。

```
for (int i = 0; i < 8; i++) {
   strip.setPixelColor(i, 255, 0, 0);//设置第 i 只 LED 的 RGB 值为红色值
   strip.show();//点亮 LED 灯带
}
delay(1000); //延时 1000ms
```

实验 10 双色显示屏

目前,市面上显示屏的种类比较多,其功能和性能也有所不同。例如,LCD(Liquid Crystal Display,液晶显示)屏由于有背光层,黑色不是纯黑色,所以对比度很难做得很高;OLED(Organic Light Emitting Diode,有机发光二极管)显示屏不需要背光层,屏幕厚度相对较薄,耗电量相对较低,由于像素点独立工作,因此对比度很高,反应速度极快,色彩更加鲜明,画面更加逼真,但它的价格偏贵,使用寿命相对较短。OLED显示屏由于具有轻薄、清晰度高、刷新速度快、能耗低、抗低温及抗震性能优异、潜在的低制造成本、环保等优越性能,现已成为业内公认的下一代主流显示技术。

10.1 实验描述

运用 Arduino Uno 开发板编程控制双色显示屏模块 128 像素×64 像素 OLED 显示英文字符与中文字符。双色显示屏电原理图、电路板图、实物图、流程图如图 10.1 所示。

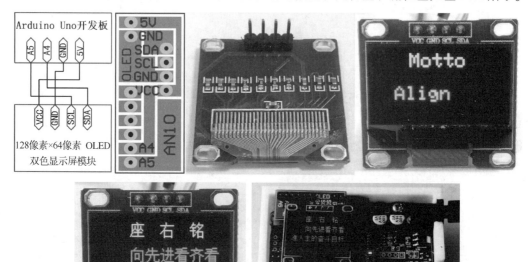

图 10.1 双色显示屏电原理图、电路板图、实物图、流程图

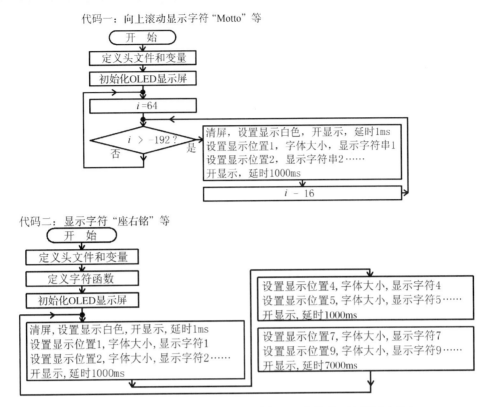

图 10.1 双色显示屏电原理图、电路板图、实物图、流程图（续）

10.2 知识要点

（1）双色显示屏模块 128 像素×64 像素 OLED。

双色显示屏模块 128 像素×64 像素 OLED 是一块分辨率为 128 像素×64 像素的 OLED 显示屏，屏幕上第 0~15 行字符显示为黄色，第 16~63 行字符显示为蓝色。1 号字体的英文和数字字符分辨率为 8 像素×8 像素，视觉效果偏小；2 号字体的英文和数字字符分辨率为 16 像素×16 像素，视觉效果偏大。通常显示英文和数字字符使用 8 像素×16 像素的分辨率，显示中文字符使用 16 像素×16 像素的分辨率，此款显示屏可显示 4 行中文字符，每行可显示 8 个中文字符。

此款显示屏的驱动芯片为 SSD1306，驱动接口为 I^2C 接口，默认通信地址为 0x3C/0x3D，电源电压为 3.0 V，模块尺寸为 27.50mm（长）×27.80mm（宽）×2.70mm（厚），自带 4 个引脚，分别是 VCC（电源）、GND（电源地）、SCL（串行时钟输入）、SDA（串行数据输入）。

（2）座右铭。

座右铭是指写出来放在座位旁边的格言，用于激励、警戒、提醒自己，作为自己人生行动的指南，古今中外的成功人士几乎都有自己的座右铭。

10.3 编程要点

(1)生成字模代码的方法。

下载 PCtoLCD2002 字模软件并安装,打开该软件,如图 10.2 所示,在位置 1 处输入中文字符,然后单击位置 2 处的"生成字模"按钮,最后单击位置 3 处的"保存字模"按钮,生成的字模代码将以文本文件形式保存下来,打开该文本文件,即可复制并使用该字模代码。

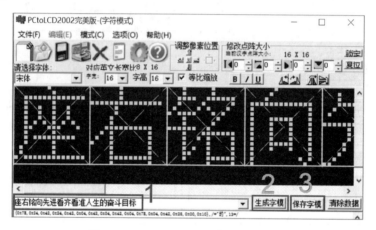

图 10.2 PCtoLCD2002 字模软件界面

(2)语句 display.setCursor(32, i);表示设置显示位置。参数 1 为显示字符左上角的 x 坐标值,参数 2 为显示字符左上角的 y 坐标值。

(3)语句 display.drawBitmap(32, 0, str1, 16, 16, 1);表示设置显示字符 str1。参数 1 为显示字符左上角的 x 坐标值,参数 2 为显示字符左上角的 y 坐标值,参数 3 为显示字符的 str1 代码。

10.4 程序设计

1. 代码一:英文版座右铭

(1)参考程序。

```
#include <Wire.h>//定义头文件 Wire.h,这是 I²C 通信库函数文件
//定义头文件 Adafruit_GFX.h,这是 OLED 显示屏通用语法和图形功能库函数文件
#include <Adafruit_GFX.h>
//定义头文件 Adafruit_SSD1306.h,这是 SSD1306 驱动的 OLED 显示屏专用显示库函数文件
#include <Adafruit_SSD1306.h>
#define OLED_RESET    4//定义 OLED 显示屏重启变量 OLED_RESET=4
//声明 OLED 显示屏,屏幕宽度为 128 像素,高度为 64 像素,I²C 总线实例,复位引脚
Adafruit_SSD1306 display(128, 64, &Wire, OLED_RESET);
```

```
void setup() {
//初始化OLED显示屏,电压为SSD1306_SWITCHCAPVCC,通信地址为0x3C
  display.begin(SSD1306_SWITCHCAPVCC, 0x3C);
}
void loop() {
//循环执行,从i = 64开始,到i = -191结束,i-=16等同于i = i-16
  for (int i = 64; i > -192; i-=16) {
    display.clearDisplay();//清屏
    display.setTextColor(WHITE);//设置显示为白色
    display.display();//开显示
    delay(1);//延时1ms
    display.setCursor(32, i);//设置显示位置
    display.setTextSize(2);//设置字体大小
    display.println("Motto");//显示字符串
    display.setCursor(16, i + 32);//设置显示位置
    display.println("Align");//显示字符串
    display.setCursor(16, i + 64);//设置显示位置
    display.println("with the");//显示字符串
    display.setCursor(16, i + 96);//设置显示位置
    display.println("advanced");//显示字符串
    display.setCursor(16, i + 128);//设置显示位置
    display.println("and see");//显示字符串
    display.setCursor(16, i + 160);//设置显示位置
    display.println("the goal");//显示字符串
    display.setCursor(16, i + 192);//设置显示位置
    display.println("of life.");//显示字符串
    display.display();//开显示
    delay(1000);//延时1000ms
  }
}
```

(2)实验结果。

代码上传成功后,将电路板AN10安装到Arduino Uno开发板上,并接通电源,显示屏向上滚动显示字符"Motto""Align""with the""advanced""and see""the goal""of life.",屏幕每秒刷新1次,每次向上滚动32像素,以此循环。

2. 代码二:中文版座右铭

(1)参考程序。

```
//定义头文件Adafruit_SSD1306.h,这是SSD1306驱动的OLED显示屏专用显示库函数文件
#include <Adafruit_SSD1306.h>
```

```cpp
#define OLED_RESET     4//定义OLED显示屏重启变量OLED_RESET=4
//声明OLED显示屏，屏幕宽度为128像素，高度为64像素，I²C总线实例，复位引脚
Adafruit_SSD1306 display(128, 64, &Wire, OLED_RESET);
//字符串函数str2[]~str16[]对应字符"座右铭向先进看齐看准人生的奋斗目标"的编码值
//详见配套资源包程序文件"AN10-2.ino"
static const unsigned char PROGMEM str1[] = {
  0x01, 0x00, 0x00, 0x80, 0x3F, 0xFE, 0x20, 0x80, 0x24, 0x90, 0x24, 0x90,
0x24, 0x90, 0x2A, 0xA8, 0x31, 0xC4, 0x20, 0x80, 0x2F, 0xF8, 0x20, 0x80,
0x40, 0x80, 0x40, 0x80, 0xBF, 0xFE, 0x00, 0x00
};
void setup() {
  //初始化OLED显示屏，电压为SSD1306_SWITCHCAPVCC，通信地址为0x3C
  display.begin(SSD1306_SWITCHCAPVCC, 0x3C);
}
void loop() {
  display.setTextColor(WHITE);//设置显示为白色
  display.clearDisplay();//清屏
  display.display();//开显示
  delay(1);//延时1ms
  display.drawBitmap(32, 0, str1, 16, 16, 1);//设置显示字符
  display.drawBitmap(64, 0, str2, 16, 16, 1);
  display.drawBitmap(96, 0, str3, 16, 16, 1);
  display.display();//开显示
  delay(1000);//延时1000ms
  display.drawBitmap(32, 24, str4, 16, 16, 1);//设置显示字符
  display.drawBitmap(48, 24, str5, 16, 16, 1);
  display.drawBitmap(64, 24, str6, 16, 16, 1);
  display.drawBitmap(80, 24, str7, 16, 16, 1);
  display.drawBitmap(96, 24, str8, 16, 16, 1);
  display.display();//开显示
  delay(1000);//延时1000ms
  display.drawBitmap(112, 24, str7, 16, 16, 1);//设置显示字符
  display.drawBitmap(0, 48, str9, 16, 16, 1);
  display.drawBitmap(16, 48, str10, 16, 16, 1);
  display.drawBitmap(32, 48, str11, 16, 16, 1);
  display.drawBitmap(48, 48, str12, 16, 16, 1);
  display.drawBitmap(64, 48, str13, 16, 16, 1);
  display.drawBitmap(80, 48, str14, 16, 16, 1);
  display.drawBitmap(96, 48, str15, 16, 16, 1);
  display.drawBitmap(112, 48, str16, 16, 16, 1);
  display.display();//开显示
```

```
delay(7000);//延时7000ms
}
```

（2）实验结果。

代码上传成功后，将电路板 AN10 安装到 Arduino Uno 开发板上，并接通电源，显示屏首先显示"座右铭"，延时 1000ms；然后显示"向先进看齐"，延时 1000ms；最后显示"看准人生的奋斗目标"，延时 7000ms，以此循环。

10.5 拓展与挑战

代码上传成功后，将电路板 AN10 安装到 Arduino Uno 开发板上，并接通电源，显示屏首先显示"学习科技"，延时 1s；然后显示"要积极认真"，延时 1s；最后显示"为民创新"，延时 7s，以此循环。

实验 11　汉显电子表

电子表是内部装配了电子元件的表，如液晶显示数字式电子表、石英谐振器指针式电子表。电子表能显示时间、星期和日期，计时准确，价格便宜，通常以纽扣电池为能源，不用手工上弦拧紧发条，深受广大消费者喜爱。汉显电子表是具有能显示中文汉字的液晶屏的电子表。

11.1　实验描述

运用 Arduino Uno 开发板编程控制双色显示屏模块 128 像素×64 像素 OLED 和高精度时钟模块 DS3231 显示日期、时间、星期和温度。汉显电子表电原理图、电路板图、实物图、流程图如图 11.1 所示。

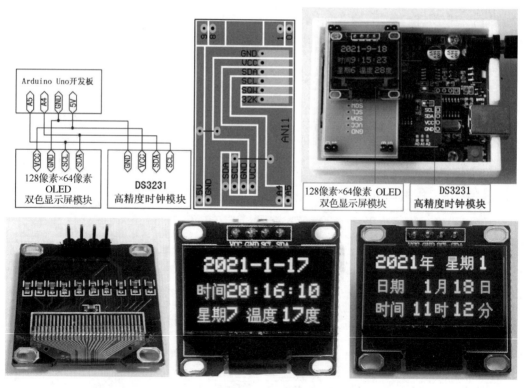

图 11.1　汉显电子表电原理图、电路板图、实物图、流程图

实验 11 汉显电子表

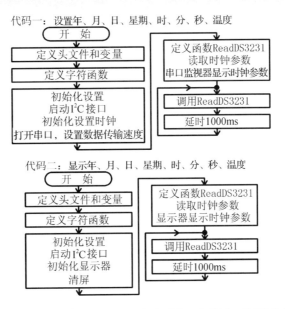

图 11.1 汉显电子表电原理图、电路板图、实物图、流程图（续）

11.2 知识要点

（1）高精度时钟模块 DS3231。

高精度时钟模块 DS3231 是一款低成本、高精度、I^2C 通信、实时时钟（RTC）器件。该模块采用 CR2032 型纽扣电池（电压为 3V 或 3.6V）供电，断开主电源后仍可保持超过一年的精确计时信息，包括年、月、日、星期、时、分、秒信息。时钟的工作格式可以是 24 小时格式，也可以是带 AM/PM 指示的 12 小时格式。高精度时钟模块 DS3231 提供两个可设置的日历闹钟和一个可设置的方波输出，内部还集成了一个数字温度传感器，精度为±3℃。

高精度时钟模块 DS3231 的工作电压为 3.3～5.5V，工作温度为 0～40℃，精度为 2ppm，年误差小于 1min，带 2 个日历闹钟，可产生秒、分、时、星期、日、月和年计时，并提供有效期到 2100 年的闰年补偿。

高精度时钟模块 DS3231 使用 I^2C 通信协议，通过 I^2C 双向总线串行传输地址与数据，这使得该模块与 Arduino Uno 开发板的连接变得非常容易。当该模块与 Arduino Uno 开发板连接时，GND→GND，VCC→5V，SDA→A4，SCL→A5。

特别说明：本实验选用 CR2032 型纽扣电池（电压为 3.6V，可充电锂电池）为高精度时钟模块 DS3231 供电，以 GPS 授时电子时钟为参考，测量高精度时钟模块 DS3231 的实际误差，结果是偏快 1.78s/24h。

（2）设置日期、星期、时间信息的方法。

本实验在编译前，须首先安装库文件 DS3231.h，安装方法是单击菜单栏中的"项目"→

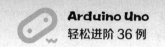

"加载库"→"库管理",搜索 DS3231.h 并安装。设置日期、星期、时间信息的方法是解除代码一初始化设置前的注释,即删除字符"/*"和"*/",设置实验时的日期、星期、时间信息,重新编译并上传代码,结果将显示正确的日期、星期、时间信息。设置完毕,将初始化设置代码注释掉,即在原来删除字符"/*"和"*/"的位置处重新输入字符"/*"和"*/"。

11.3　编程要点

语句 if (minute > 9) {display.print(minute, DEC);} else {display.print("0");display.print(minute, DEC);}表示如果分钟数大于 9,则直接输出十进制分钟数,否则先补充字符 0,再输出十进制分钟数。这样做是为了让分钟数以两位字符形式呈现出来,如此显示十分整齐美观。

11.4　程序设计

(1)参考程序。

代码一:设置年、月、日、星期、时、分、秒,设置方法如下。

第一步:删除代码一中的字符"/*"和"*/",修改初始化设置代码内容为当前日期、星期、时间信息。第二步:将电路板 AN11 安装到 Arduino Uno 开发板上,并接通电源,然后上传代码一到开发板内,打开菜单栏中的"工具"→"串口监视器",设置数据传输速率为 115200bit/s,显示屏上将动态显示当前的年、月、日、星期、时、分、秒、温度。第三步:在代码一中原来删除"/*"和"*/"的位置处重新输入字符"/*"和"*/",再次上传代码一到开发板内,设置完成。

```
#include <DS3231.h>//定义头文件 DS3231.h,这是时钟模块库函数文件
#include <Wire.h>//定义头文件 Wire.h,这是 I²C 通信库函数文件
DS3231 Clock;//创建 DS3231 时钟对象名为 Clock
bool Century = false;//定义布尔型变量
bool h12;//定义布尔型变量
bool PM;//定义布尔型变量
void setup() {
  Wire.begin();// 启动 I²C 接口
//初始化设置,用于设置年、月、日、星期、时、分、秒,在设置时删除字符"/*"和"*/"
//代码上传成功后,必须在原来的位置处重新输入字符"/*"和"*/"
  /* Clock.setSecond(50);//设置当前秒
    Clock.setMinute(9);//设置当前分
    Clock.setHour(11);//设置当前时
    Clock.setDoW(7);//设置当前星期
```

```
    Clock.setDate(17);//设置当前日
    Clock.setMonth(1);//设置当前月
    Clock.setYear(21);//设置当前年
  */
  Serial.begin(115200);//打开串口，设置数据传输速率为115200bit/s
}
void ReadDS3231() {
  int second, minute, hour, DoW, date, month, year, temperature;
  second = Clock.getSecond();//读取秒
  minute = Clock.getMinute();//读取分
  hour = Clock.getHour(h12, PM);//读取时
  DoW = Clock.getDoW();//读取星期
  date = Clock.getDate();//读取日
  month = Clock.getMonth(Century);  //读取月
  year = Clock.getYear();//读取年
  temperature = Clock.getTemperature();//读取温度值
  Serial.print("20");//串口监视器显示字符串
  Serial.print(year, DEC);//串口监视器显示年十进制数
  Serial.print('-');//串口监视器显示字符串
  Serial.print(month, DEC);//串口监视器显示月十进制数
  Serial.print('-');//串口监视器显示字符串
  Serial.print(date, DEC);//串口监视器显示日十进制数
  Serial.print(' ');//串口监视器显示字符串
  Serial.print("week");//串口监视器显示字符串
  Serial.print('=');//串口监视器显示字符串
  Serial.print(DoW, DEC);//串口监视器显示星期十进制数
  Serial.print(' ');//串口监视器显示空的字符串
  Serial.print(hour, DEC);//串口监视器显示时十进制数
  Serial.print(':');//串口监视器显示字符串
  Serial.print(minute, DEC);//串口监视器显示分十进制数
  Serial.print(':');//串口监视器显示字符串
  Serial.print(second, DEC);//串口监视器显示秒十进制数
  Serial.print('\n');//换行
  Serial.print("Temperature=");//串口监视器显示字符串
  Serial.print(temperature);//串口监视器显示温度值
  Serial.print("℃ ");//串口监视器显示字符串
  Serial.print('\n');//换行
}
void loop() {
  ReadDS3231();//调用 ReadDS3231 函数
  delay(1000);//延时 1000ms
```

代码二：显示年、月、日、星期、时、分、秒、温度。

将电路板 AN11 安装到 Arduino Uno 开发板上，并接通电源，代码二上传成功后，显示屏上将显示年、月、日、星期、时、分、秒、温度。

特别说明：代码二上传成功后，如果显示屏显示的时间信息不正确，那么可运用代码一再次设置。

```
#include <DS3231.h>//定义头文件 DS3231.h，这是时钟模块库函数文件
#include <Wire.h>//定义头文件 Wire.h，这是 I²C 通信库函数文件
//定义头文件 Adafruit_SSD1306.h，这是 SSD1306 驱动的 OLED 显示屏专用显示库函数文件
#include <Adafruit_SSD1306.h>
#define OLED_RESET    4//定义 OLED 液晶屏重启变量 OLED_RESET=4
Adafruit_SSD1306 display(128, 64, &Wire, OLED_RESET);
DS3231 Clock;//创建 DS3231 时钟对象名为 Clock
bool Century = false;//定义布尔型变量
bool h12;//定义布尔型变量
bool PM;//定义布尔型变量
static const unsigned char PROGMEM shi[] = {//时
  0x00, 0x10, 0x00, 0x10, 0x7C, 0x10, 0x44, 0x10, 0x47, 0xFE, 0x44, 0x10,
0x7C, 0x10, 0x45, 0x10, 0x44, 0x90, 0x44, 0x90, 0x7C, 0x10, 0x00, 0x10,
0x00, 0x10, 0x00, 0x10, 0x00, 0x50, 0x00, 0x20
};
static const unsigned char PROGMEM jian[] = {//间
  0x20, 0x00, 0x13, 0xFC, 0x10, 0x04, 0x40, 0x04, 0x47, 0xE4, 0x44, 0x24,
0x44, 0x24, 0x47, 0xE4, 0x44, 0x24, 0x44, 0x24, 0x47, 0xE4, 0x40, 0x04,
0x40, 0x04, 0x40, 0x04, 0x40, 0x14, 0x40, 0x08
};
static const unsigned char PROGMEM xing[] = {//星
  0x00, 0x00, 0x1F, 0xF0, 0x10, 0x10, 0x1F, 0xF0, 0x10, 0x10, 0x1F, 0xF0,
0x01, 0x00, 0x11, 0x00, 0x1F, 0xF8, 0x21, 0x00, 0x41, 0x00, 0x1F, 0xF0,
0x01, 0x00, 0x01, 0x00, 0x7F, 0xFC, 0x00, 0x00
};
static const unsigned char PROGMEM qi[] = {//期
  0x22, 0x00, 0x22, 0x7C, 0x7F, 0x44, 0x22, 0x44, 0x3E, 0x44, 0x22, 0x7C,
0x3E, 0x44, 0x22, 0x44, 0x22, 0x44, 0xFF, 0x7C, 0x00, 0x44, 0x24, 0x84,
0x22, 0x84, 0x43, 0x14, 0x81, 0x08, 0x00, 0x00
};
static const unsigned char PROGMEM wen[] = {//温
  0x00, 0x00, 0x23, 0xF8, 0x12, 0x08, 0x12, 0x08, 0x83, 0xF8, 0x42, 0x08,
0x42, 0x08, 0x13, 0xF8, 0x10, 0x00, 0x27, 0xFC, 0xE4, 0xA4, 0x24, 0xA4,
```

```
0x24, 0xA4, 0x24, 0xA4, 0x2F, 0xFE, 0x00, 0x00
  };
  static const unsigned char PROGMEM du[] = {//度
    0x01, 0x00, 0x00, 0x80, 0x3F, 0xFE, 0x22, 0x20, 0x22, 0x20, 0x3F, 0xFC,
0x22, 0x20, 0x22, 0x20, 0x23, 0xE0, 0x20, 0x00, 0x2F, 0xF0, 0x24, 0x10,
0x42, 0x20, 0x41, 0xC0, 0x86, 0x30, 0x38, 0x0E
  };
  void ReadDS3231() {
    int second, minute, hour, DoW, date, month, year, temperature;
    second = Clock.getSecond();//读取秒
    minute = Clock.getMinute();//读取分
    hour = Clock.getHour(h12, PM);//读取时
    DoW = Clock.getDoW();//读取星期
    date = Clock.getDate();//读取日
    month = Clock.getMonth(Century);//读取月
    year = Clock.getYear();//读取年
    temperature = Clock.getTemperature();//读取温度值
    display.clearDisplay();//清屏
    display.setTextColor(WHITE);//开像素点发光
    display.setTextSize(2);//设置字体大小
    display.setCursor(8, 0);//设置显示位置
    display.print("20");//显示字符"20"
    display.print(year, DEC);//显示年
    display.print("-");//显示字符"-"
    display.print(month, DEC);//显示月
    display.print("-");//显示字符"-"
    display.print(date, DEC);//显示日
    display.setTextSize(2);//设置字体大小
    display.drawBitmap(0, 24, shi, 16, 16, 1);//显示"时"
    display.drawBitmap(16, 24, jian, 16, 16, 1);//显示"间"
    display.setCursor(32, 24);//设置显示位置
    display.print(hour, DEC);// 显示时
    display.print(":");//显示字符":"
    if (minute > 9) {
      display.print(minute, DEC);//显示分
    } else {
      display.print("0");//显示字符"0"
      display.print(minute, DEC);//显示分
    }
    display.print(":");//显示字符":"
    if (second > 9) {
```

```
        display.print(second, DEC);//显示秒
    } else {
        display.print("0");//显示字符"0"
        display.print(second, DEC);//显示秒
    }
    display.setTextSize(2);//设置字体大小
    display.drawBitmap(0, 48, xing, 16, 16, 1);//显示"星"
    display.drawBitmap(16, 48, qi, 16, 16, 1);//显示"期"
    display.setCursor(32, 48);//设置显示位置
    display.print(DoW, DEC);//显示星期
    display.drawBitmap(52, 48, wen, 16, 16, 1);//显示"温"
    display.drawBitmap(68, 48, du, 16, 16, 1);//显示"度"
    display.setCursor(88, 48);//设置显示位置
    display.print(temperature);//显示温度
    display.drawBitmap(112, 48, du, 16, 16, 1);//显示"度"
    display.display();//开显示
    delay(100);//延时100ms
}
void setup() {
    Wire.begin();//启动I²C接口
    display.begin(SSD1306_SWITCHCAPVCC, 0x3C);
//初始化OLED显示屏,电压为SSD1306_SWITCHCAPVCC,通信地址为0x3C
    display.clearDisplay();//清屏
}
void loop() {
    ReadDS3231();//调用ReadDS3231函数
    delay(100);//延时100ms
}
```

（2）实验结果。

代码上传成功后，将电路板 AN11 安装到 Arduino Uno 开发板上，并接通电源，显示屏第一行显示年、月、日数字，第二行显示汉字"时间"和时、分、秒数字，第三行显示汉字"星期"和星期数字，以及汉字"温度"和温度数字，以上字符每秒刷新 10 次。

11.5 拓展与挑战

代码上传成功后，将电路板 AN11 安装到 Arduino Uno 开发板上，并接通电源，显示屏第一行显示年数字和汉字"年"，以及汉字"星期"和星期数字，第二行显示汉字"日期"、月数字、汉字"月"、日数字、汉字"日"，第三行显示汉字"时间"、时数字、汉字"时"、分数字、汉字"分"，以上字符每秒刷新 10 次。

实验 12　彩色液晶屏

液晶屏是在两块平行玻璃板间填充液晶材料，通过改变电压改变液晶材料内部分子的排列状况，从而改变液晶材料的遮光和透光效果进行显示的平板。彩色液晶屏在两块平行玻璃板间添加三元色的滤光层，用于实现色彩显示。TFT（Thin Film Transistor，薄膜晶体管）彩色液晶屏具有高响应速度、高亮度、高对比度、低电压、低功耗、无辐射、无闪烁、使用寿命长等特点，普遍应用于笔记本电脑、台式机、手机等主流显示设备。

12.1　实验描述

运用 Arduino Uno 开发板编程控制彩色液晶屏模块（320 像素×240 像素）显示计时时间与秒数。彩色液晶屏模块实物图、流程图如图 12.1 所示。

图 12.1　彩色液晶屏实物图、流程图

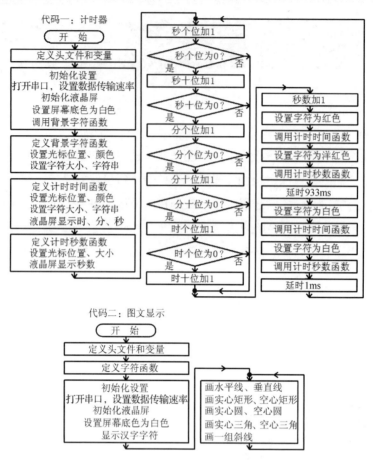

图 12.1 彩色液晶屏实物图、流程图（续）

12.2 知识要点

彩色液晶屏模块（320 像素×240 像素）支持 Arduino Uno 和 Arduino Mega2560 开发板直插，无须外接连接线。该模块尺寸为 2.4in（48.96mm×36.72mm），屏幕分辨率为 320 像素×240 像素，驱动芯片型号为 ILI9341，接口类型为 8 位并行接口，常用于 Arduino Uno 和 Arduino Mega2560 开发板，用于显示英文电子书、数码相框等。

12.3 编程要点

（1）语句 tft.setCursor(35, 50);表示设置光标位置为第 35 列第 50 行。

（2）语句 tft.setTextColor(BLACK);表示设置字符颜色为黑色。

（3）语句 tft.setTextSize(5);表示设置字符大小为 5 号。

（4）语句 tft.print("JI SHI");表示显示字符串"JI SHI"。

（5）语句 tft.drawBitmap(80, 15, str1, 16, 16, 0xF800);表示汉字字符。其中，80 为 X 坐

标，15 为 Y 坐标，str1 为字模数组（详见实验 10.3 中的生成字模代码方法），第一个数字 16 为字宽，第二个数字 16 为字高，0xF800 为颜色 RED（红色）代码值。

12.4 程序设计

1. 代码一：计时器

（1）参考程序。

```
int S0 = 0;//定义变量 S0(秒个位)为整型数据，初始化赋值为 0
int S1 = 0;//定义变量 S1(秒十位)为整型数据，初始化赋值为 0
int M0 = 0;//定义变量 M0(分个位)为整型数据，初始化赋值为 0
int M1 = 0;//定义变量 M1(分十位)为整型数据，初始化赋值为 0
int H0 = 0;//定义变量 H0(时个位)为整型数据，初始化赋值为 0
int H1 = 0;//定义变量 H1(时十位)为整型数据，初始化赋值为 0
long Seco = 0;//定义长整型变量 Seco(秒数)，初始化赋值为 0
//定义头文件 Adafruit_GFX.h，这是 LCD 和 OLED 显示屏通用语法和图形功能库函数文件
#include <Adafruit_GFX.h>
//定义头文件 Adafruit_TFTLCD.h，这是 TFTLCD 彩色液晶屏驱动库函数文件
#include <Adafruit_TFTLCD.h>
#define   LCD_RD     A0//引脚 LCD_RD 连接模拟端口 A0
#define   LCD_WR     A1//引脚 LCD_WR 连接模拟端口 A1
#define   LCD_CD     A2//引脚 LCD_CD 连接模拟端口 A2
#define   LCD_CS     A3//引脚 LCD_CS 连接模拟端口 A3
#define   LCD_RESET  A4//引脚 LCD_RESET 连接模拟端口 A4
#define   RED        0xF800//定义变量 RED（红色）并赋值
#define   GREEN      0x07E0//定义变量 GREEN（绿色）并赋值
#define   BLUE       0x001F//定义变量 BLUE（蓝色）并赋值
#define   YELLOW     0xFFE0//定义变量 YELLOW（黄色）并赋值
#define   CYAN       0x07FF//定义变量 CYAN（青色）并赋值
#define   MAGENTA    0xF81F//定义变量 MAGENTA（洋红色）并赋值
#define   WHITE      0xFFFF//定义变量 WHITE（白色）并赋值
#define   BLACK      0x0000//定义变量 BLACK（黑色）并赋值
//创建 Adafruit_TFTLCD tft 对象名为 tft
Adafruit_TFTLCD tft(LCD_CS, LCD_CD, LCD_WR, LCD_RD, LCD_RESET);
void setup() {
  Serial.begin(9600);//打开串口，设置数据传输速率为 9600bit/s
  tft.reset();//重启彩色液晶屏
  uint16_t identifier = tft.readID();
  if (identifier == 0x0101)
    identifier = 0x9341;//标识符
```

```
  tft.begin(identifier);//开启彩色液晶屏
  tft.fillScreen(WHITE);//设置屏幕底色为白色
  background();//调用背景字符函数
}
void loop() {
  S0 = (S0 + 1) % 10;//秒个位加1
  if (S0 == 0) {//如果秒个位为0
    S1 = (S1 + 1) % 6; //秒十位加1
    if (S1 == 0) {//如果秒十位为0
      M0 = (M0 + 1) % 10; //分个位加1
      if (M0 == 0) {//如果分个位为0
        M1 = (M1 + 1) % 6; //分十位加1
        if (M1 == 0) {//如果分十位为0
          H0 = (H0 + 1) % 10; //时个位加1
          if (H0 == 0) {//如果时个位为0
            H1 = (H1 + 1) % 10; //时十位加1
          }
        }
      }
    }
  }
  Seco = Seco + 1;//秒数加1
  tft.setTextColor(RED);//设置字符颜色为红色
  timer();//调用计时时间函数
  tft.setTextColor(MAGENTA);//设置字符颜色为洋红色
  seconds();//调用计时秒数函数
  delay(933);//延时933ms
  tft.setTextColor(WHITE);//设置字符颜色为白色
  timer();//调用计时时间函数
  tft.setTextColor(WHITE);//设置字符颜色为白色
  seconds();//调用计时秒数函数
  delay(1);//延时1ms
}
void background() {//定义背景字符函数
  tft.setCursor(35, 50);//设置光标位置为第35列第50行
  tft.setTextColor(BLACK);//设置字符颜色为黑色
  tft.setTextSize(5);//设置字符大小为5号
  tft.print("JI SHI");//显示字符串"JI SHI"
  tft.setCursor(25, 130);//设置光标位置为第25列第130行
  tft.setTextColor(BLUE);//设置字符颜色为蓝色
  tft.setTextSize(4);//设置字符大小为4号
```

```
  tft.print("T=");//显示字符串"T="
  tft.setCursor(25, 190);//设置光标位置为第25列第190行
  tft.setTextColor(BLUE);//设置字符颜色为蓝色
  tft.setTextSize(4);//设置字符大小为4号
  tft.print("S=");//显示字符串"S="
}
void timer() {//定义计时时间函数
  tft.setCursor(80, 130);//设置光标位置为第80列第130行
  tft.setTextSize(3);//设置字符大小为3号
  tft.print(H1);//液晶屏显示时十位
  tft.print(H0);//液晶屏显示时个位
  tft.print(":");//液晶屏显示字符串":"
  tft.print(M1);//液晶屏显示分十位
  tft.print(M0);//液晶屏显示分个位
  tft.print(":");//液晶屏显示字符串":"
  tft.print(S1);//液晶屏显示秒十位
  tft.print(S0);//液晶屏显示秒个位
}
void seconds() {//定义计时秒数函数
  tft.setCursor(80, 190);//设置光标位置为第80列第190行
  tft.setTextSize(4);//设置字符大小为4号
  tft.print(Seco);//液晶屏显示秒数
}
```

（2）实验结果。

代码上传成功后，将电路板 AN12 安装到 Arduino Uno 开发板上，并接通电源，彩色液晶屏显示"JI SHI""T=00:00:00"，"S=0"，计时时间与秒数每秒增加1，按彩色液晶屏下方按钮，可重新开始计时。

2．代码二：图文显示

（1）参考程序。

```
//定义头文件 Adafruit_GFX.h，这是 LCD 和 OLED 显示屏通用语法和图形功能库函数文件
#include <Adafruit_GFX.h>
#include <Adafruit_TFTLCD.h>
//定义头文件 Adafruit_TFTLCD.h，这是 TFTLCD 彩色液晶屏驱动库函数文件
#define   LCD_RD    A0//引脚 LCD_RD 连接模拟端口 A0
#define   LCD_WR    A1//引脚 LCD_WR 连接模拟端口 A1
#define   LCD_CD    A2//引脚 LCD_CD 连接模拟端口 A2
#define   LCD_CS    A3//引脚 LCD_CS 连接模拟端口 A3
#define   LCD_RESET A4//引脚 LCD_RESET 连接模拟端口 A4
```

```
#define    RED      0xF800//定义变量RED（红色）并赋值
#define    GREEN    0x07E0//定义变量GREEN（绿色）并赋值
#define    BLUE     0x001F//定义变量BLUE（蓝色）并赋值
#define    YELLOW   0xFFE0//定义变量YELLOW（黄色）并赋值
#define    CYAN     0x07FF//定义变量CYAN（青色）并赋值
#define    MAGENTA  0xF81F//定义变量MAGENTA（洋红色）并赋值
#define    WHITE    0xFFFF//定义变量WHITE（白色）并赋值
#define    BLACK    0x0000//定义变量BLACK（黑色）并赋值
//创建Adafruit_TFTLCD tft对象名为tft
Adafruit_TFTLCD tft(LCD_CS, LCD_CD, LCD_WR, LCD_RD, LCD_RESET);
//字符串函数str2[]~str16[]对应字符"座右铭向先进看齐看准人生的奋斗目标"的编码值
//详见配套资源包程序文件"AN12-2.ino"
static const unsigned char PROGMEM str1[] = {
  0x01, 0x00, 0x00, 0x80, 0x3F, 0xFE, 0x20, 0x80, 0x24, 0x90, 0x24, 0x90,
0x24, 0x90, 0x2A, 0xA8, 0x31, 0xC4, 0x20, 0x80, 0x2F, 0xF8, 0x20, 0x80,
0x40, 0x80, 0x40, 0x80, 0xBF, 0xFE, 0x00, 0x00
};
void setup() {
  Serial.begin(9600);//打开串口，设置数据传输速率为9600bit/s
  tft.reset();//重启彩色液晶屏
  uint16_t identifier = tft.readID();
  if (identifier == 0x0101)
    identifier = 0x9341;//标识符
  tft.begin(identifier);//开启彩色液晶屏
  tft.fillScreen(WHITE);//设置屏幕底色为白色
  tft.drawBitmap(80, 15, str1, 16, 16, 0xF800);//显示汉字字符
  tft.drawBitmap(112, 15, str2, 16, 16, 0xF800);
  tft.drawBitmap(144, 15, str3, 16, 16, 0xF800);
  tft.drawBitmap(8, 44, str4, 16, 16, 0x0000);
  tft.drawBitmap(24, 44, str5, 16, 16, 0xF800);
  tft.drawBitmap(40, 44, str6, 16, 16, 0xF800);
  tft.drawBitmap(56, 44, str7, 16, 16, 0x0000);
  tft.drawBitmap(72, 44, str8, 16, 16, 0x0000);
  tft.drawBitmap(88, 44, str7, 16, 16, 0x0000);
  tft.drawBitmap(104, 44, str9, 16, 16, 0x0000);
  tft.drawBitmap(120, 44, str10, 16, 16, 0x0000);
  tft.drawBitmap(136, 44, str11, 16, 16, 0x0000);
  tft.drawBitmap(152, 44, str12, 16, 16, 0x0000);
  tft.drawBitmap(168, 44, str13, 16, 16, 0x001F);
  tft.drawBitmap(184, 44, str14, 16, 16, 0x001F);
  tft.drawBitmap(200, 44, str15, 16, 16, 0x001F);
```

实验 12 彩色液晶屏

```
  tft.drawBitmap(216, 44, str16, 16, 16, 0x001F);
}
void loop() {
  for (uint16_t a = 0; a < 2; a++) {
    //画水平线，起点为(5,5)，线宽为2，长度为230，颜色为绿色
    tft.drawFastHLine(5, 5 + a, 230, GREEN);
  }
  for (uint16_t a = 0; a < 2; a++) {
    //画垂直线，起点为(5,5)，线宽为2，长度为65，颜色为红色
    tft.drawFastVLine(5 + a, 5, 65, RED);
  }
  for (uint16_t a = 0; a < 2; a++) {
    //画水平线，起点为(5,70)，终点为(235,70)，线宽为2，颜色为蓝色
    tft.drawLine(5 , 70 + a, 235, 70 + a, BLUE);
  }
  for (uint16_t a = 0; a < 2; a++) {
    //画垂直线，起点为(235,5)，终点为(235,70)，线宽为2，颜色为黄色
    tft.drawLine(235 + a, 5, 235 + a, 70, YELLOW);
  }
  for (uint16_t a = 0; a < 2; a++) {
    //画实心矩形，起点为(10,100)，宽度为100，高度为50，颜色为青色
    tft.fillRect(10, 100, 100, 50, CYAN);
  }
  for (uint16_t a = 0; a < 2; a++) {
    //画空心矩形，起点为(10,175)，宽度为100，高度为50，颜色为青色
    tft.drawRect(10 + a, 175 + a, 100, 50, CYAN);
  }
  for (uint16_t a = 0; a < 2; a++) {
    //画实心圆，圆心为(150,125)，半径为25，颜色为洋红色
    tft.fillCircle(150, 125, 25 + a, MAGENTA);
  }
  for (uint16_t a = 0; a < 2; a++) {
    //画空心圆，圆心为(150,200)，半径为25，颜色为洋红色
    tft.drawCircle(150, 200, 25 + a, MAGENTA);
  }
  for (uint16_t a = 0; a < 2; a++) {
    //画实心三角形，三个顶点为(180,150)、(230,150)、(230,100)，颜色为黑色
    tft.fillTriangle(180, 150, 230, 150, 230, 100, BLACK);
  }
  for (uint16_t a = 0; a < 2; a++) {
    //画空心三角形，三个顶点为(180,225)、(230,225)、(230,175)，颜色为黑色
```

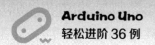

```
        tft.drawTriangle(180, 225, 230, 225, 230, 175, BLACK);
    }
    for (uint16_t a = 0; a < 240; a += 10) {
        //画一组斜线,起点为(10,250),终点为(0,270),线间距为10,颜色为黑色
        tft.drawLine(10 + a, 250, 0 + a, 270, 0x0000);
    }
    for (uint16_t a = 0; a < 240; a += 10) {
        //画一组斜线,起点为(0,270),终点为(10,290),线间距为10,颜色为黑色
        tft.drawLine(0 + a, 270, 10 + a, 290, 0x0000);
    }
}
```

（2）实验结果。

代码上传成功后，将电路板 AN12 安装到 Arduino Uno 开发板上，并接通电源，彩色液晶屏上显示彩色汉字"座右铭向先进看齐看准人生的奋斗目标"，显示彩色图案水平线、垂直线、实心矩形、空心矩形、实心圆形、空心圆形、实心三角形、空心三角形、斜线。

12.5　拓展与挑战

代码上传成功后，将电路板 AN12 安装到 Arduino Uno 开发板上，并接通电源，彩色液晶屏上显示"DAO JI　SHI ZHONG""T=00:01:00"，时钟倒计时。按彩色液晶屏下方按钮，可重新开始倒计时。

实验 13 红外测距仪

红外测距仪是运用红外测距传感器模块检测距离的装置。

13.1 实验描述

运用 Arduino Uno 开发板编程控制红外测距传感器模块 GP2Y0E03 和液晶显示屏模块 LCD1602A 检测距离。红外测距仪电原理图、电路板图、实物图、流程图如图 13.1 所示。

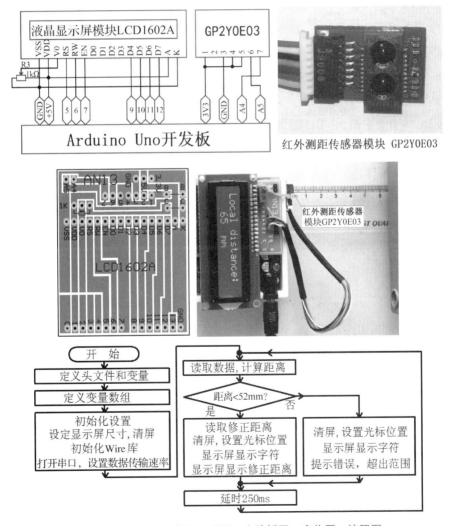

图 13.1 红外测距仪电原理图、电路板图、实物图、流程图

13.2 知识要点

（1）红外测距传感器模块 GP2Y0E03。

红外测距传感器模块 GP2Y0E03 是 Sharp 公司制作的一款红外传感器，由有源图像传感器 CCD 和红外 LED 组成。其特别之处在于可输出与检测距离相对应的模拟（电压）数据和数字（I²C 双向总线）数据；由于采用了三角测量方法，在检测距离时受物体的反射率、环境温度和工作时间影响较小；质量可靠，检测结果一致性较好；由于检测方法是光检测，检测速度比超声波传感器检测速度快。其缺点是只能检测 4～50cm 范围内的物体，对于近似黑体的物体无法检测，由于检测距离与输出电压呈非线性对应关系，因此在使用时需要对检测数据进行编程修正。该模块可用于清洁机器人、人形机器人进行障碍物距离检测，用于卫生间烘手设备、照度控制设备作为无触点检测开关，用于 ATM、复印机、液晶显示屏等作为节能传感器，用于玩具机器人、游乐设备作为接近传感器。

注：超声波传感器测距受环境温度、风向，以及物体反射面大小、方向、是否吸音等因素影响较大，其优点是输出方式多样，测量范围为 2～400cm。

红外测距传感器模块 GP2Y0E03 的外形尺寸为 16.7mm×11mm×5.2mm，工作电压为 2.7～5.5V，检测距离为 4～50cm。该模块设有 VDD、Vout(A)、GND、VIN(IO)、GPIO1、SCL、SDA 共 7 个端口，VDD 接供电电源正极，Vout（A）为模拟电压输出端口，GND 接供电电源负极，VIN(IO) 为输入输出端口供电电源端，GPIO1 为输入电压端口，SCL 接 I²C 总线时钟端口，SDA 接 I²C 总线数据端口。

（2）三角测量方法，即红外 LED 按一定角度发射红外光束，经物体反射后，返回的红外光线被有源图像传感器 CCD 检测到，获得一个偏移距离 L，利用数学三角知识可知，由发射角度 θ、偏移距离 L、中心距离 X 及滤镜的焦距 f 便可计算出 CCD 到物体的距离 D，如图 13.2 所示。

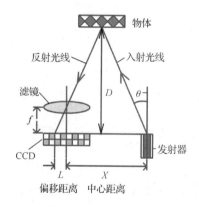

图 13.2 红外测距三角测量方法示意图

（3）红外测距仪测量数据修正编程方法。

第一步：将红外测距传感器模块 GP2Y0E03 安装到电路板 AN13 上，将电路板 AN13

安装到 Arduino Uno 开发板上，用方头 USB 数据线将 Arduino Uno 开发板与计算机连接起来。

第二步：在 Arduino IDE 编程界面中输入红外测距仪参考程序，编译并将其上传到 Arduino Uno 开发板中。单击菜单栏中的"工具"→"串口监视器"，设置波特率为"9600"（位于窗口右下方），串口监视器将显示"distance:4""Cordistance:37"，表示数组 n[]的第 5 个元素对应的变量值为 37，即红外测距传感器模块与障碍物之间的距离为 37mm，如果用直尺实际测量的距离不是 37 mm（取整数），那么请修正数组 n[]的第 5 个元素对应的变量值。按照此方法，修正"distance:5"至"distance:50"分别对应的实际测量的距离。

第三步：修改红外测距仪参考程序中的语句 int n[] = {}，再次将参考程序上传到 Arduino Uno 开发板中，红外测距仪便能较准确地测量红外测距传感器模块与障碍物之间的距离。本实验实际测量范围为 37～400mm，误差小于 5mm。

13.3 编程要点

（1）语句 Wire.begin();表示初始化 Wire 库，以主机形式加入 I^2C 网络，只能调用一次。

语句 Wire.begin(ADDRESS);表示初始化 Wire 库，加入 I^2C 网络，作为主机或从机，只能调用一次。参数 ADDRESS 为 7bit 的器件地址（可选），该地址为从机地址，若没有地址，则作为主机使用。

（2）语句 Wire.beginTransmission(ADDRESS);表示开始向主机传输数据。参数 ADDRESS 为 7bit 的器件地址，该地址为从机地址。

（3）语句 Wire.write();表示向从机发送数据。

语句 Wire.write(value);表示向从机发送数值。

语句 Wire.write(string);表示向从机发送字符组的指针。

语句 Wire.write(data, length);表示向从机发送 1 字节数组数据。length 表示传输的数量。

（4）语句 Wire.endTransmission();表示接收到一个布尔型变量。该变量如果为 1，则发送停止信息；如果为 0，则发送开始信息。

（5）语句 Wire.requestFrom(ADDRESS, 1);表示主机请求从机发送 1 字节数据，这 1 字节数据可以被主机用 read()或 available()接收。参数 ADDTESS 为 7bit 的器件地址，该地址为从机地址。

（6）语句 Cordistance = n[distance];表示读取数组中对应的修正距离。distance 为自定义整型变量，表示计算距离，即通过传感器测量的距离；Cordistance 为自定义整型变量，表示修正距离，即用直尺实际测量的距离。

例如，计算距离为 4cm，对应数组中的修正距离为 37mm；计算距离为 5cm，对应数组中的修正距离为 44mm；计算距离为 6cm，对应数组中的修正距离为 51mm，以此类推。

由于红外测距传感器模块的检测距离与输出电压呈非线性对应关系，因此本实验参考程序采用这种读取数组中对应值的方法修正非线性输出数据，数据经过修正后，显示屏显示的测量结果与实际距离偏差小于 5mm。注：不同批次的红外测距传感器模块的输出数据可能有差异，请读者根据实际测量数据修改数组 n[]中对应的修正距离。

13.4 程序设计

（1）参考程序。

```
#include <Wire.h>//定义头文件 Wire.h，这是 I²C 通信库函数文件
int distance = 0;//定义整型变量 distance（距离），初始化赋值为 0
int Cordistance = 0;//定义单精度浮点变量 Cordistance（修正距离），初始化赋值为 0
byte high, low = 0;//定义字符型变量 high 和 low，初始化赋值为 0
int shift = 0;//定义整型变量 shift（移位寄存器中的值），初始化赋值为 0
//定义器件地址 ADDRESS 为 7 位二进制数
//注：0x80 对应的二进制数经过向右移动 1 位运算后，可变为 7 位二进制数
#define ADDRESS        0x80 >> 1
#define DISTANCE_REG   0x5E
#define SHIFT          0x35
#include <LiquidCrystal.h>//定义头文件，这是 LCD1602A 液晶显示屏库函数文件
//创建 LiquidCrystal(rs, en, d4, d5, d6, d7) 类实例 lcd
LiquidCrystal lcd(5, 6, 7, 9, 10, 11, 12);
//定义单精度浮点变量数组
int n[] = { 0, 0, 0, 0, 37, 44, 51, 58, 65, 72, 79, 86, 93,
          100, 108, 116, 124, 132, 140, 148, 156, 164, 172,
          180, 188, 196, 204, 212, 220, 228, 236, 244, 252,
          259, 266, 273, 280, 287, 294, 301, 309, 317, 325,
          333, 341, 349, 357, 364, 371, 378, 385, 392, 399,
          407, 415, 423, 431, 439, 447, 455, 463, 470, 477,
          484, 491, 498, 505, 513, 521, 529, 537, 545, 553,
          561, 569, 577, 584, 591, 598, 605, 612, 619, 626,
          633, 640, 647, 654
        };
void setup() {
  lcd.begin(16, 2);//设定显示屏尺寸为 16 列 2 行
  lcd.clear();//清屏
```

```
  Wire.begin();//初始化Wire库,以主机形式加入I²C网络,只能调用一次
  delay(250);//延时250ms
  Wire.beginTransmission(ADDRESS);//开始给从机发送一个地址
  Wire.write(SHIFT);//向从机发送数据
  Wire.endTransmission();//接收到一个布尔型变量
  Wire.requestFrom(ADDRESS, 1);//主机请求从机发送1字节数据,
  while (Wire.available() == 0);//如果接收到0,则进入死循环
  shift = Wire.read();//如果接收到1,则读取数据给移位寄存器
  Serial.begin(9600);//打开串口,设置数据传输速率为9600bit/s
}
void loop() {
  //请求发送并读取gp2y0e03b 的2字节数据
  Wire.beginTransmission(ADDRESS);//开始给从机发送一个地址
  Wire.write(DISTANCE_REG);//向从机发送数据
  Wire.endTransmission();//接收到一个布尔型变量
  Wire.requestFrom(ADDRESS, 2);//主机请求从机发送2字节数据,
  while (Wire.available() < 2);//如果接收到的值小于2,则进入死循环
  high = Wire.read();//如果接收到的值大于或等于2,则读取数据给变量high
  low = Wire.read();//读取数据给变量low
  distance = (high * 16 + low) / 16 / (int)pow(2, shift);//计算距离
  if (distance < 52) {//如果距离小于52mm
    Cordistance = n[distance];//修正距离
    lcd.clear();//清屏
    lcd.setCursor(0, 0);//设置光标位置为第0列第0行
    lcd.print("Local distance:");//输出字符"Local distance:"
    lcd.setCursor(3, 1);//设置光标位置为第3列第1行
    lcd.print(Cordistance, DEC);//输出变量Cordistance值(十进制)
    lcd.setCursor(7, 1);//设置光标位置为第7列第1行
    lcd.print("mm");//输出字符"mm"
    Serial.print("distance:");//串口监视器显示文本
    Serial.println(distance, DEC);//串口监视器显示计算距离十进制数并换行
    Serial.print("Cordistance:");//串口监视器显示文本
    Serial.println (Cordistance, DEC);//串口监视器显示修正距离十进制数并换行
  } else {
    lcd.clear();//清屏
    lcd.setCursor(1, 0);//设置光标位置为第1列第0行
    lcd.print("Error!(d>400mm)");//输出字符"Error!(d>400mm)"
    lcd.setCursor(1, 1);//设置光标位置为第1列第1行
    lcd.print("Out of range!");//输出字符"Out of range!"
  }
  delay(250);//延时250ms
```

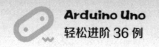

}

（2）实验结果。

代码上传成功后，将电路板 AN13 安装到 Arduino Uno 开发板上，并接通电源，液晶显示屏显示测量结果 37～400mm。当测量距离大于 400mm 时，液晶屏将显示"Error!(d>400mm)""Out of range!"。

13.5 拓展与挑战

代码上传成功后，将电路板 AN13 安装到 Arduino Uno 开发板上，并接通电源，液晶显示屏显示测量结果 37～650mm。当测量距离大于 650mm 时，液晶屏将显示"Error!(d>650mm)""Out of range!"。

提示：修改语句 1 如下。

```
int n[] = { 0, 0, 0, 0, 37, 44, 51, 58, 65, 72, 79, 86, 93,
        100, 108, 116, 124, 132, 140, 148, 156, 164, 172,
        180, 188, 196, 204, 212, 220, 228, 236, 244, 252,
        259, 266, 273, 280, 287, 294, 301, 309, 317, 325,
        333, 341, 349, 357, 364, 371, 378, 385, 392, 399,
        407, 415, 423, 431, 439, 447, 455, 463, 470, 477,
        484, 491, 498, 505, 513, 521, 529, 537, 545, 553,
        561, 569, 577, 584, 591, 598, 605, 612, 619, 626,
        633, 640, 647, 654
    };
```

修改语句 2 如下。

```
if (distance <85) {//如果距离小于 85mm
```

修改语句 3 如下。

```
lcd.print("Error!(d>650mm)");//输出字符"Error!(d>650mm)"
```

实验 14　激光测距仪

激光是一种受激辐射而产生放大的光,具有单色性好、亮度高、方向性好、能量大等特点。激光颜色极纯,亮度极高(比太阳光亮 100 亿倍);激光束的发散度极小(接近平行光线),能照射几千米甚至几万米远;激光的能量极大,注视功率为 5mW 的激光束几秒,就会对视网膜造成极大的伤害。激光可用于打标、焊接、切割、激光武器、激光扫描、激光唱片、光纤通信、激光测距、无损检测、激光矫正视力、激光美容、激光灭蚊器等。

激光测距仪是运用激光测距传感器模块和液晶显示屏模块检测距离的装置。

14.1　实验描述

运用 Arduino Uno 开发板编程控制激光测距传感器模块 GY-VL53L0X 和液晶显示屏模块 LCD1602A 检测距离。激光测距仪电原理图、电路板图、实物图、流程图如图 14.1 所示。

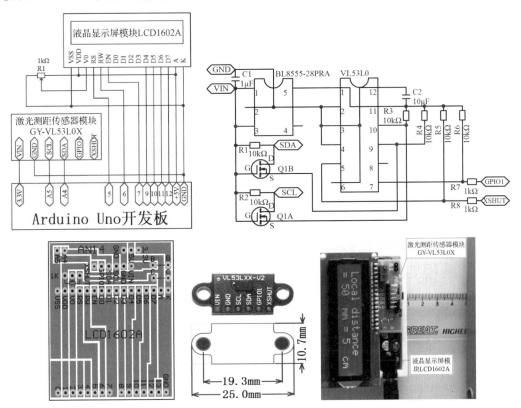

图 14.1　激光测距仪电原理图、电路板图、实物图、流程图

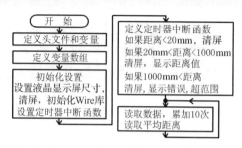

图 14.1　激光测距仪电原理图、电路板图、实物图、流程图（续）

14.2　知识要点

激光测距传感器模块 GY-VL53L0X 集成了 VCSEL 光源、SPAD 光子检测器和先进微控制器，可发射波长为 940nm 的不可见光，不伤害眼睛，具有激光测距、避障检测、一维手势识别等功能，测距结果不受目标物体颜色和反射光的影响，在环境光强较高的情况下仍具有很高的表现性能。

该模块的主要用途：①用于手机和平板电脑自动对焦、测距拍照，尤其可在低光照（低光强，低对比度）环境下或快速移动的视频模式下进行精确的距离测量；②用于智能机器人检测障碍物距离，扫地机器人探测墙壁，以及卫浴产品，如水龙头、皂液器、干手机和冲洗器等检测距离；③用于各种创新用户界面的手势检测或接近检测，包括笔记本电脑、电源开关监控器、无人机、物联网产品和穿戴式装置对用户是否存在的检测。

该模块的外观尺寸为 4.4mm×2.4mm×1mm，工作电压为 2.6～3.5V，测距范围为 4～80cm（室内灰色目标），测距精度为 1cm，测距时间小于 30ms，在正常工作模式下功耗为 20mW，待机电流为 5μA。

该模块设有 VIN、GND、SCL、SDA、GPIO1、XSHUT 共 6 个端口，VIN 接供电电源正极（3.3V），GND 接供电电源负极，SCL 接 I^2C 总线时钟端口，SDA 接 I^2C 总线数据端口，GPIO1 为芯片的中断端，XSHUT 为芯片的使能端。电平 1 表示有效（在不连接时，为有效工作状态），电平 0 表示无效。

14.3　编程要点

（1）语句 Timer1.initialize(1000000);表示设置定时器中断时间为 1000000μs，即 1s。定时器中断服务函数 callback()将每秒执行一次，即每秒刷新 1 次液晶显示屏显示的数字。

（2）语句 uint16_t distance = ((gbuf[10] & 0xFF) << 8) | (gbuf[11] & 0xFF);表示 16 位字长的数据变量 distance。符号&表示与运算，如 B1010&B1111=B1010；符号 <<8 表示

向左移 8 位，如 B1010<< 8=B101000000000；符号|表示或，如 B101000000000|B1111=B101000001111。

（3）语句 if (meandis < distance) {num = num + 1;cumudis = cumudis + distance;}表示如果 meandis＜distance，那么累加次数加 1，累加距离增加距离。当新采集的数据大于平均值时，数据将记入累加数据，避免小于平均值的数据干扰，该方法用于过滤小数据。

（4）语句 if (num >= 10) { meandis = cumudis / 10; num = 0; cumudis = 0; }表示如果累加次数大于或等于 10，那么读取平均距离，累加次数清 0，累加距离清 0。当采集的数据忽大忽小时，可采取多次累加数据取平均值方法，该方法用于减小数据波动。

（5）在 I²C 通信库中，经常出现的语句如下。

```
Wire.begin();//初始化 Wire 库，以主机形式加入 I²C 网络
//主机请求从机发送数据，addtess 为 7 位器件地址，quantity 为请求得到的数量
//stop 为 1 表示请求结束后发送一个停止命令并释放总线,stop 为 0 表示继续发送请求保持连接
Wire.requrstFrom(addtess,quantity,stop);
Wire.beginTransmission(0x29);//开始向地址为 0x29 的从机传输数据
Wire.write(0x14);//主机传输数据给从机
Wire.write(value);//value 表示要发送的数值
Wire.write(string);//string 表示字符组的指针
Wire.write(data, length);//data 表示 1 字节数组数据，length 表示传输的数量
Wire.endTransmission();//结束传输数据。
Wire.available();//主机询问从机数据是否准备好了，返回值为数据长度
Wire.read();//主机读取从机 1 字节数据
```

14.4 程序设计

（1）参考程序。

```
//定义整型变量累加次数、距离、累加距离、平均距离，初始化赋值为 0
int num, distance, cumudis, meandis = 0;
#include <Wire.h>//定义头文件 Wire.h，这是 I²C 通信库函数文件
#include <TimerOne.h>//定义头文件，这是定时器库函数文件
#include <LiquidCrystal.h>//定义头文件，这是 LCD1602A 液晶显示屏库函数文件
//创建 LiquidCrystal(rs,rw,en,d4,d5,d6,d7)类实例 lcd
LiquidCrystal lcd(5, 6, 7, 9, 10, 11, 12);
byte gbuf[16];//定义字节型数组 gbuf
void setup() {
  lcd.begin(16, 2);//设定显示屏尺寸
  lcd.clear();//清屏
  Wire.begin();//初始化 Wire 库，以主机形式加入 I²C 网络
  Timer1.initialize(1000000);//设置定时器中断时间为 1000000μs，即 1s
```

```cpp
    Timer1.attachInterrupt(callback);//设置定时器中断服务函数
}
void callback() {//定时器中断服务函数每秒执行一次
  if (meandis < 20) {//如果平均距离小于20mm
    lcd.clear();//清屏
  }
  if (20 < meandis < 1000) {//如果平均距离大于20mm且小于1000mm
    lcd.clear();//清屏
    lcd.setCursor(0, 0);//设置光标位置为第0列第0行
    lcd.print("Local distance");//输出字符"Local distance"
    lcd.setCursor(0, 1);//设置光标位置为第0列第1行
    lcd.print("=");//输出字符"="
    lcd.setCursor(2, 1);//设置光标位置为第2列第1行
    lcd.print(meandis - 20, DEC);//输出平均距离值(十进制数)
    lcd.setCursor(6, 1);//设置光标位置为第6列第1行
    lcd.print("mm");//输出字符"mm"
    lcd.setCursor(9, 1);//设置光标位置为第9列第1行
    lcd.print("=");//输出字符"="
    lcd.setCursor(11, 1);//设置光标位置为第11列第1行
    lcd.print(meandis / 10 - 2, DEC);//输出平均距离值(十进制数)
    lcd.setCursor(14, 1);//设置光标位置为第7列第1行
    lcd.print("cm");//输出字符"cm"
  }
  if (1000 < meandis) {//如果平均距离大于1000mm
    lcd.clear();//清屏
    lcd.setCursor(1, 0);//设置光标位置为第1列第0行
    lcd.print("Error!");//输出字符"Error!"
    lcd.setCursor(1, 1);//设置光标位置为第1列第1行
    lcd.print("Out of range!");//输出字符"Out of range!"
  }
  meandis = 20;//给变量meandis赋值20
}
void loop() {
  Wire.beginTransmission(0x29);//开始向地址为0x29的从机传输数据
  Wire.write(0x00);//主机传输数据给从机
  Wire.write(0x01);//主机传输数据给从机
  Wire.endTransmission();//结束数据传输
  Wire.beginTransmission(0x29);//开始向地址为0x29的从机传输数据
  Wire.write(0x14);//主机传输数据给从机
  Wire.endTransmission();//结束数据传输
```

实验 14　激光测距仪

```
Wire.requestFrom(0x29, 12);//主机请求从机发送12字节数据
for (int i = 0; i < 12; i++) {
  //当返回缓冲区的字节数小于1时，延时1ms
  while (Wire.available() < 1) delay(1);
  gbuf[i] = Wire.read();//主机读取从机1字节数据存放到数组gbuf中
}
//16位字长的数据
uint16_t distance = ((gbuf[10] & 0xFF) << 8) | (gbuf[11] & 0xFF);
delay(20);//延时20ms
if (meandis < distance) {//消抖动
  num = num + 1;//累加次数加1
  cumudis = cumudis + distance;//累加距离
}
if (num >= 10) {//如果累加次数大于或等于10
  meandis = cumudis / 10;//读取平均距离
  num = 0;//累加次数清0
  cumudis = 0;//累加距离清0
}
}
byte read_byte_data_at(byte reg) {//读取字节型数据
  Wire.beginTransmission(0x29);//开始向地址为0x29的从机传输数据
  Wire.write(reg);//主机传输数据给从机
  Wire.endTransmission();//结束数据传输
  Wire.requestFrom(0x29, 1);//主机请求从机发送1字节数据
  //当返回缓冲区的字节数小于1时，延时1ms
  while (Wire.available() < 1) delay(1);
  byte b = Wire.read();//主机读取从机1字节数据
  return b;//返回字节型数据b
}
```

（2）实验结果。

代码上传成功后，将电路板 AN14 安装到 Arduino Uno 开发板上，并接通电源。

当激光测距仪检测距离范围为 4～100cm 时，液晶屏显示"Local distance=***mm=**cm"。

当激光测距仪检测距离大于 100cm 时，液晶屏显示"Error! Out of range!"。

特别说明：该款激光测距仪在室内检测距离范围为 4～80cm（室内灰色目标）。

当激光测距仪检测距离范围为 4～50cm 时，示数非常稳定，误差小于 1cm。

当激光测距仪检测距离范围为 50～80cm 时，示数可能不太稳定，误差小于 2cm。

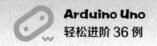

14.5 拓展与挑战

代码上传成功后，将电路板 AN14 安装到 Arduino Uno 开发板上，并接通电源。

当激光测距仪检测距离范围为 4～30cm 时，液晶屏显示"Distance=**cm"。

当激光测距仪检测距离大于 30cm 时，液晶屏显示"Error! Out of range!"。

实验 15 温度湿度计

温度是指冷热程度，常用单位是摄氏度（℃）。人体感觉舒适的温度是 18~25℃（冬天）、23~28℃（夏天）。

湿度是指大气干燥程度，常用相对湿度（空气中实际水汽压与当时气温下的饱和水汽压之比的百分数）表示。人体感觉舒适的湿度是 30%~80%（冬天），30%~60%（夏天）。

温度湿度计是用来测定环境的温度和湿度的测量工具。

15.1 实验描述

运用 Arduino Uno 开发板编程控制温度湿度传感器模块 DHT11 和液晶显示屏模块 LCD1602A 测试环境温度和湿度。温度湿度计电原理图、电路板图、实物图、流程图如图 15.1 所示。

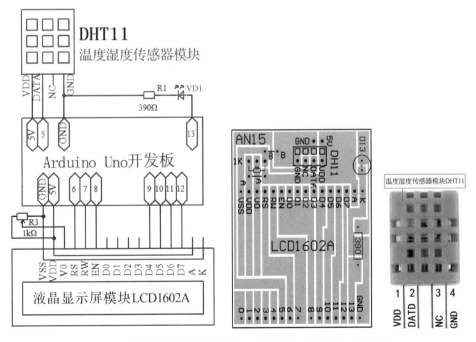

图 15.1 温度湿度计电原理图、电路板图、实物图、流程图

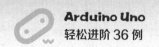

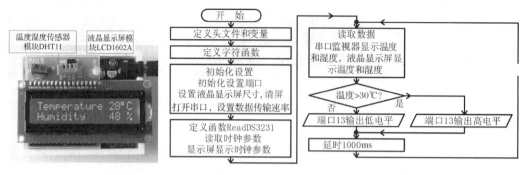

图 15.1　温度湿度计电原理图、电路板图、实物图、流程图（续）

15.2　知识要点

（1）温度湿度传感器模块 DHT11。

温度湿度传感器模块 DHT11 是一款含已校准数字信号输出的温度湿度传感器，内部包括一个电容式湿感元件和一个 NTC 测温元件，并与一片高性能 8 位单片机连接。该模块成本低、响应速度超快、抗干扰能力强、输出数字信号、精准，具有极高的可靠性与长期稳定性，广泛用于家电、医疗、气象、冷链仓储等领域。

该模块的外形尺寸为 16.0mm×12.5mm×6.0mm，工作电压为 3.3～5.5V，工作电流为 0.06（待机）～1.0mA（工作），工作采样周期小于 0.5s。该模块设有 VDD（接电源正极）、DATD（串行数据端口，单总线地）、NC（悬空）、GND（接电源地）共 4 个端口。

该模块的温度测量范围为 0～50℃，误差为 2℃。当环境温度为 0℃时，湿度测量范围为 30%～90%；当环境温度为 25℃时，湿度测量范围为 20%～90%；当环境温度为 50℃时，湿度测量范围为 20%～80%。

（2）安装 DHT11 库函数文件。

dht11.h 是温度湿度传感器模块 DHT11 库函数文件，安装方法是将含有 dht.h 和 dht11.cpp 文件的文件夹直接复制到 C:\Program Files\Arduino\Libraries 文件夹中。

15.3　编程要点

（1）语句 Serial.print((float)DHT11.temperature, 0);表示串口监视器显示温度值，保留 0 位小数。

（2）语句 if ((float)DHT11.humidity <30||(float)DHT11.temperature > 28){语句 1;}else{语句 2;}表示当湿度值小于 30%，或者温度值大于 28℃时，执行语句 1，否则执行语句 2。

15.4 程序设计

(1) 程序参考。

```
#include    <LiquidCrystal.h>//定义头文件，这是LCD1602A库函数文件
LiquidCrystal   lcd(6, 7, 8, 9, 10, 11, 12); //设置液晶显示屏引脚接口
#include    <dht11.h>//定义头文件，这是DHT11库函数文件
dht11 DHT11;//创建温度湿度传感器对象名为DHT11
#define DHT11PIN 5//温度湿度传感器数据引脚接Arduino Uno开发板的数字端口5
void setup() {
  pinMode(13, OUTPUT);//设置数字端口13为输出模式
  digitalWrite(13, 0);//设置数字端口13输出低电平
  lcd.begin(16, 2);//设置液晶显示屏尺寸
  lcd.clear(); //清屏
  Serial.begin(9600);//打开串口，设置数据传输速率为9600bit/s
  Serial.println("开始测量温度和湿度");//串口监视器显示文本并换行
}
void loop() {
  int chk = DHT11.read(DHT11PIN);
  Serial.print("当前温度是 ");//串口监视器显示文本
  Serial.print((float)DHT11.temperature, 0);//串口监视器显示温度值
  Serial.println("℃");//串口监视器显示符号"℃"
  Serial.print("当前湿度是 ");//串口监视器显示文本
  Serial.print((float)DHT11.humidity, 0);//串口监视器显示湿度值
  Serial.println("%");//串口监视器显示文本并换行
  Serial.println("");//换行
  lcd.clear();//清屏
  lcd.setCursor(0, 0);//设置光标位置为第0列第0行
  lcd.print("Temperature");//液晶显示屏显示字符
  lcd.setCursor(12, 0);//设置光标位置为第12列第0行
  lcd.print((float)DHT11.temperature, 0);//液晶显示屏显示温度值
  lcd.setCursor(14, 0);//设置光标位置为第14列第0行
  lcd.print((char)223);//液晶显示屏显示符号"°"
  lcd.setCursor(15, 0);//设置光标位置为第15列第0行
  lcd.print("C");//液晶显示屏显示符号"C"
  lcd.setCursor(0, 1);//设置光标位置为第0列第1行
  lcd.print("Humidity");//液晶显示屏显示字符
  lcd.setCursor(12, 1);//设置光标位置为第12列第1行
  lcd.print((float)DHT11.humidity, 0);//液晶显示屏显示湿度值
  lcd.setCursor(15, 1);//设置光标位置为第15列第1行
  lcd.print("%");//液晶显示屏显示符号"%"
```

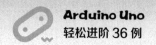

```
if ((float)DHT11.temperature > 30) {
  digitalWrite(13, 1);//设置数字端口 13 输出高电平
}
else {
  digitalWrite(13, 0);//设置数字端口 13 输出低电平
}
delay(1000);//延时 1000ms
}
```

（2）实验结果。

代码上传成功后，将电路板 AN15 安装到 Arduino Uno 开发板上，并接通电源，液晶显示屏显示"Temperature 22℃""Humidity 42%"，串口监视器显示"当前温度是 22℃""当前湿度是 42%"。当环境温度高于 30℃时，LED 点亮，反之 LED 熄灭。

15.5　拓展与挑战

代码上传成功后，将电路板 AN15 安装到 Arduino Uno 开发板上，并接通电源，当环境湿度低于 30%或环境温度高于 28℃时，LED 点亮；当环境湿度不低于 30%且环境温度不高于 28℃时，LED 熄灭。

提示：

将语句 if ((float)DHT11.temperature > 30) { 修改为((float)DHT11.humidity <30||(float)DHT11.temperature > 28) {

实验 16 数显电子秤

电子秤是测量质量的量具，一般由底座、压力传感器、托盘、电子仪表和电源等组成。电子秤具有体积小、准确度高、数字显示直观，以及安装、校正、维护简单等诸多优点，有的电子秤还具有预扣重、归零、累计、计数、计价、警示、可连接打印机、可远距离操作等功能。电子秤按压力传感器的转换方式可分为光电式电子秤、液压式电子秤、电磁力式电子秤、电容式电子秤、磁极变形式电子秤、振动式电子秤、陀螺仪式电子秤、电阻应变式电子秤，其中电阻应变式电子秤应用最为常见。电子秤广泛应用于日常生活、工业生产等领域。

16.1 实验描述

运用 Arduino Uno 开发板编程控制称重传感器模块 XFW-HX711 和液晶显示屏模块 LCD1602A 测量一瓶矿泉水的质量。数显电子秤电原理图、电路板图、实物图、流程图如图 16.1 所示。

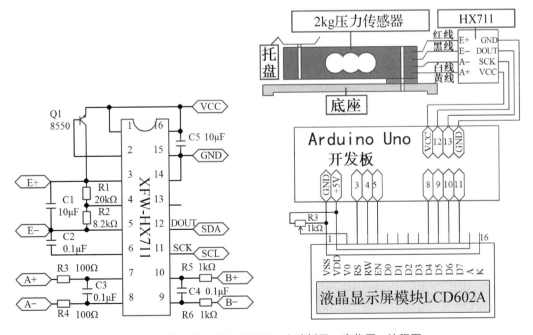

图 16.1 数显电子秤电原理图、电路板图、实物图、流程图

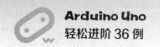

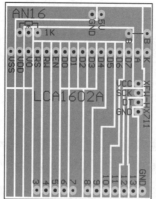
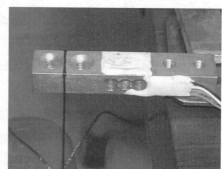

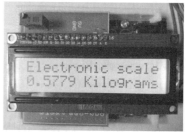
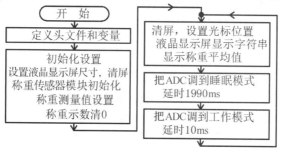

图 16.1　数显电子秤电原理图、电路板图、实物图、流程图（续）

16.2　知识要点

（1）称重传感器模块 XFW-HX711。

称重传感器模块 XFW-HX711 由 2kg 压力传感器和 A/D 转换模块 HX711 组成。其中，压力传感器属于电阻应变式压力传感器，由弹性体、电阻应变片、电缆线组成，其外形尺寸为 45mm×9mm×6mm，内部电路采用惠更斯电桥电路，电缆线包括红线（接 A/D 转换模块 E+端）、黑线（接 A/D 转换模块 E-端）、白线（接 A/D 转换模块 A-端）、黄线（接 A/D 转换模块 A+端），红线和黑线之间的电阻值约为 1kΩ，白线和黄线之间的电阻值约为 1kΩ，压力传感器的量程是 2kg，供电电压是 5V，当压力传感器受到质量为 2kg

的物体的压力时，白线和黄线之间将产生±20mV 或±40mV 电压。

A/D 转换模块 HX711 的核心器件是集成电路 HX711，集成电路 HX711 是一款专为高精度电子秤设计的 24 位 A/D 转换芯片，该芯片采用 SOP-16 封装。该模块采用 AB 双通道设计，每个通道都有 2 种工作模式可供选择，设置的输出接口有 VCC（接电源正极）、GND（接电源地）、SCK（时钟引脚）、DOUT（数据引脚），工作电压为 4.7～5.5V，典型工作电流为 12mA。

从理论上来讲，A/D 转换模块 HX711 的最小精度是 $1/2^{(24-1)}$，即 1/8388608；从实际应用角度，其量程为 0～2kg，最小精度为 0.2g。

（2）液晶显示屏模块 LCD1602A。

液晶显示屏模块 LCD1602A 可显示两行数字或英文字母，每行显示 16 个字符，该模块有 16 个引脚，工作电压为 4.5～5.5V，工作电流为 2.0mA。通电后该模块背板将发光，并显示黑色点状字符。如果液晶显示屏不显示任何字符或只显示方块状黑点，则需要用小型一字螺丝刀调节电路板上的多圈电位器的旋钮，直到出现需要显示的字符为止。

（3）数显电子秤测量结果校准方法。

首先，用实验室专用的托盘天平或已校准的高精度电子秤测量一瓶 550ml 矿泉水的质量，假设测量结果是 575.00g。然后，使用自制的数显电子秤测量这瓶 550ml 矿泉水的质量，如果测量结果比 575.00g 大，那么修改语句 scale.set_scale(-618.f);，可将数字 618 增大一点，如改为 619，再次测量这瓶 550ml 矿泉水的质量，如果测量结果还是比 575.00g 大一点，那么可将数字 619 再增大一点，如改为 620，直到测量结果刚好等于（或者十分接近）575.00g 为止。反之，如果测量结果比 575.00g 小，则可将数字 618 减小一点。

16.3　编程要点

（1）语句 LiquidCrystal lcd(3, 4, 5, 8, 9, 10, 11);表示创建类实例 lcd，液晶显示屏引脚 RS、RW、EN、D4、D5、D6、D7 分别连接 Arduino Uno 开发板的端字端口 3、4、5、8、9、10、11。

（2）语句 scale.set_scale(-618.f);用于校准测量结果。假如质量为 1000g 的物体，测量结果为 500g，则可将数字 618 减小一半，测量值将增大 2 倍。注：如果测量结果为负值，则去掉数字 618 前面的负号。

16.4　程序设计

（1）参考程序。

```
#include <LiquidCrystal.h>  //定义头文件，这是 LCD1602A 库函数文件
```

```
//创建 LiquidCrystal(rs,rw,en,d4,d5,d6,d7)类实例 lcd
LiquidCrystal lcd(3, 4, 5, 8, 9, 10, 11);
#include "HX711.h"//定义头文件 HX711.h,这是 HX711 库函数文件
const int LOADCELL_DOUT_PIN = 13;//DOUT 引脚接 Arduino Uno 开发板的数字端口 13
const int LOADCELL_SCK_PIN = 12;//SCK 引脚接 Arduino Uno 开发板的数字端口 12
HX711 scale; //创建 HX711 对象名为 scale
void setup() {
  lcd.begin(16, 2); //设置液晶显示屏尺寸
  lcd.clear();//清屏
  scale.begin(LOADCELL_DOUT_PIN, LOADCELL_SCK_PIN);//称重传感器模块初始化
  //数字 618 减小一半,测量值增大 2 倍。如果测量结果为负值,则去掉数字 618 前面的负号
  scale.set_scale(-618.f);
  scale.tare();//称重示数清 0
}
void loop() {
  lcd.clear();//清屏
  lcd.setCursor(0, 0);//设置光标位置为第 0 列第 0 行
  lcd.print("Electronic scale");//显示字符串
  lcd.setCursor(9, 1);//设置光标位置为第 9 列第 1 行
  lcd.print("grams");//显示字符串
  lcd.setCursor(2, 1);//设置光标位置为第 2 列第 1 行
  //显示 ADC 的 10 个读数的平均值减皮重,保留 2 位小数
  lcd.print(scale.get_units(10) , 2);
  scale.power_down();//把 ADC 调到睡眠模式
  delay(1990);//延时 1990ms
  scale.power_up();//把 ADC 调到工作模式
  delay(10);//延时 10ms
}
```

（2）实验结果。

代码上传成功后,将电路板 AN16 安装到 Arduino Uno 开发板上,并接通电源,液晶显示屏第一行显示"Electronic scale",第二行显示"0.01 grams"。如果显示数字大于"0.05 grams",则重新接通电源或按开发板上的复位键,在托盘上放置 550ml 矿泉水,液晶显示屏第二行显示"574.86 grams",用市售电子秤测量结果为 578.9 grams,差值为 4 grams,偏差小于 1%,符合普通电子秤精确度要求。注：grams 表示质量单位克。

16.5　拓展与挑战

代码上传成功后,将电路板 AN16 安装到 Arduino Uno 开发板上,并接通电源,液

晶显示屏第一行显示"Electronic scale",第二行显示"0.0001 kilograms"。如果显示数字大于"0.0005 kilograms",则重新接通电源或按开发板上的复位键,在托盘上放置 550ml 矿泉水,液晶显示屏第二行显示"0.5779 kilograms",用市售电子秤测量结果为 578.9 grams,差值为 1 grams,偏差小于 1%,符合普通电子秤精确度要求。注:kilograms 表示质量单位千克。

提示:语句 lcd.print(scale.get_units(10)/1000,4);表示显示 ADC 的 10 个读数的平均值减皮重除以 1000,保留 4 位小数,显示数字将以 kilograms 为单位。

实验 17　实时电子表

实时电子表是以实时时钟芯片（实时是指事物发生过程中的实际时间）和液晶显示屏为基础设计的电子钟，可显示年、月、日、星期、时、分、秒，其突出优点是内置锂离子纽扣电池，主电源断开后，时钟电路仍能长时间正常工作，不需要重新设置时间参数。

17.1　实验描述

运用 Arduino Uno 开发板编程控制实时时钟芯片 DS1302 和液晶显示屏模块 LCD1602A，用于实时显示年、月、日、星期、时、分、秒。实时电子表电原理图、电路板图、实物图、流程图如图 17.1 所示。

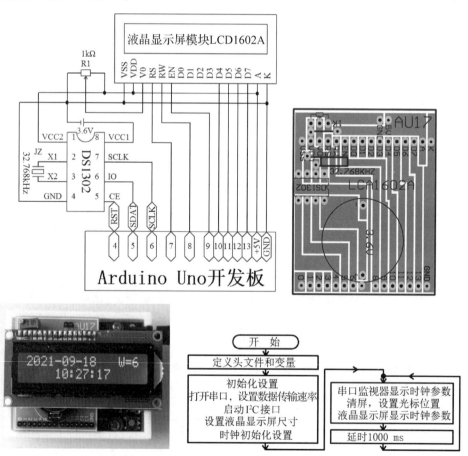

图 17.1　实时电子表电原理图、电路板图、实物图、流程图

17.2　知识要点

（1）实时时钟芯片 DS1302。

实时时钟芯片 DS1302 是一款高性能、低功耗、带随机存储器 RAM 的实时时钟电路，可以年、月、日、星期、时、分、秒为单位进行计时，具有闰年补偿功能，工作电压为 2.0～5.5V，采用主电源和后备电源双引脚供电，主电源对后备电源具有涓细电流充电能力，当主电源断开后，后备电源能自动为时钟电路长时间供电，确保时钟电路长时间连续运行。实时时钟芯片 DS1302 与单片机之间采用三线连接进行同步通信。

实时时钟芯片 DS1302 的封装形式为 DIP-8。引脚 1 接主电源正极。引脚 2 和 3 之间外接 32.768kHz 的晶振。引脚 4 接地。引脚 5 接复位端口 RST，当 RST 为高电平时，所有的数据传送被初始化，允许对 DS1302 进行操作，如果在传送过程中 RST 为低电平，那么将终止此次数据传送，在上电运行时，在 VCC 电压大于 2.0V 之前，RST 必须保持低电平，只有在 SCLK 为低电平时，才能将 RST 置高电平。引脚 6 接数据端 SDAT，此端口为串行数据输入输出端口（双向）。引脚 7 接时钟端 SCLK。引脚 8 接后备电源正极。

特别说明：后备电源选用 3.6V 锂离子纽扣电池 CR2032，以 GPS 授时电子时钟为参考，测量实时时钟芯片 DS1302 的实际误差，结果是偏快 16.24s/24h。

（2）基于 Arduino Uno 开发板运用 DS1302+ LCD1602A 显示星期、时间、日期的编程方法。

第一步：将 CR2032 安装到电路板 AN17 上，将电路板 AN17 安装到 Arduino Uno 开发板上，用方头 USB 数据线将 Arduino Uno 开发板与计算机连接起来。

第二步：在 Arduino IDE 编程界面中输入实时电子表参考程序，注意要去掉"/*"和"*/"，修改语句参数为当前星期、时间、日期。假如当前是星期四，16 时 10 分 00 秒，2021 年 8 月 5 日，那么修改后的语句如下。

```
DS1302.setDOW(THURSDAY);//设置星期
DS1302.setTime(16,10,00);//设置时间（格式为时，分，秒，24 小时制）
DS1302.setDate(05,8,2021);//设置日期（格式为日，月，年）
```

修改完毕，将修改后的程序上传到 Arduino Uno 开发板中。

第三步：恢复"/*"和"*/"，将程序上再次传到 Arduino Uno 开发板中。液晶显示屏第一行显示日期（年、月、日）与星期（1、2、3、4、5、6、7），第二行显示时间（时、分、秒）。

（3）DS1302 库函数文件安装方法。

DS1302.h 是实时时钟芯片 DS1302 库函数文件，其安装方法是将含有 DS1302.h 和 DS1302.cpp 文件的文件夹直接复制到 C:\Program Files\Arduino\Libraries 文件夹中。

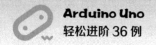

17.3 编程要点

（1）语句 Serial.println(DS1302.getDateStr(FORMAT_LONG, FORMAT_BIGENDIAN, '-'));表示串口监视器显示日期（格式为年，月，日）。

FORMAT_LITTLEENDIAN 表示显示日期的排列顺序为日月年。

FORMAT_BIGENDIAN 表示显示日期的排列顺序为年月日。

FORMAT_MIDDLEENDIAN 表示显示日期的排列顺序为月日年。

特别说明1：本实验调用的 DS1302.h 头文件运用记事本打开后必须包括以下代码，否则不能使用。

```
#define FORMAT_SHORT       1
#define FORMAT_LONG  2
#define FORMAT_LITTLEENDIAN 1   //日期的排列顺序为日月年
#define FORMAT_BIGENDIAN    2   //日期的排列顺序为年月日
#define FORMAT_MIDDLEENDIAN 3   //日期的排列顺序为月日年
#define MONDAY       1
#define TUESDAY      2
#define WEDNESDAY    3
#define THURSDAY 4
#define FRIDAY       5
#define SATURDAY     6
#define SUNDAY       7
```

特别说明2：本实验调用的 DS1302.cpp 文件运用记事本打开后必须包括以下代码，否则不能使用，如有部分内容不同，请按下述代码内容修改，然后保存即可使用。

```
case FORMAT_BIGENDIAN:
  if (slformat == FORMAT_SHORT) {
   yr = t.year - 2000;
   if (yr < 10)
    output[0] = 48;
   else
    output[0] = char((yr / 10) + 48);
    output[1] = char((yr % 10) + 48);
    output[2] = divider;
  }
  else {
   yr = t.year;
   output[0] = char((yr / 1000) + 48);
   output[1] = char(((yr % 1000) / 100) + 48);
   output[2] = char(((yr % 100) / 10) + 48);
```

```
    output[3] = char((yr % 10) + 48);
    output[4] = divider;
  }
  if (t.mon < 10)
    output[5] = 48;
  else
    output[5] = char((t.mon / 10) + 48);
    output[6] = char((t.mon % 10) + 48);
    output[7] = divider;
  if (t.date < 10)
    output[8] = 48;
  else output[8] = char((t.date / 10) + 48);
    output[9] = char((t.date % 10) + 48);
    output[10] = 0;
  break;
```

注：下载的文件内容必须与上述内容完全一致。

17.4 程序设计

（1）参考程序。

```
#include <DS1302.h>//定义头文件，这是 DS1302 库函数文件
#include <LiquidCrystal.h>//定义头文件，这是 LCD1602A 库函数文件
#include <Wire.h>//定义头文件 Wire.h，这是 I²C 通信库函数文件
//创建 LiquidCrystal（rs,rw,en,d4,d5,d6,d7）类实例 lcd
LiquidCrystal lcd(7, 8, 9, 10, 11, 12, 13);
//DS1302 模块引脚 5 接 Arduino Uno 开发板的数字端口 4
//DS1302 模块引脚 6 接 Arduino Uno 开发板的数字端口 5
//DS1302 模块引脚 7 接 Arduino Uno 开发板的数字端口 6
DS1302 DS1302(4, 5, 6);
void setup() {
  Serial.begin(9600);//打开串口，设置数据传输速率为 9600bit/s
  Wire.begin();//启动 I²C 接口
  lcd.begin(16, 2);//设置液晶显示屏尺寸
  //时钟初始化设置，设置时去掉"/*"和"*/"，设置完成后恢复"/*"和"*/"
  /*
    DS1302.halt(false);//清除时钟停止标志
    DS1302.writeProtect(false);//关闭写保护
    DS1302.setDOW(THURSDAY);//设置星期
DS1302.setTime(16,10,00);//设置时间（格式为时，分，秒，24 小时制）
```

```
  DS1302.setDate(05,8,2021);//设置日期（格式为日，月，年）
  */
}
void loop() {
  //串口监视器显示日期（格式为年，月，日）
  Serial.println(DS1302.getDateStr(FORMAT_LONG, FORMAT_BIGENDIAN, '-'));
  Serial.println(DS1302.getDOWStr());//串口监视器显示星期
  //串口监视器显示时间（格式为时，分，秒，24小时制）
  Serial.println(DS1302.getTimeStr());
  lcd.clear();//清屏
  lcd.setCursor(0, 0);//设置光标位置为第0列第0行
  //显示日期（格式为年，月，日）
  lcd.print(DS1302.getDateStr(FORMAT_LONG, FORMAT_BIGENDIAN, '-'));
  lcd.setCursor(13, 0);//设置光标位置为第13列第0行
  lcd.print(DS1302.getDOWStr());//显示星期
  lcd.setCursor(4, 1);//设置光标位置为第4列第1行
  lcd.print(DS1302.getTimeStr());//显示时间（格式为时，分，秒，24小时制）
  delay(1000);//延时1000ms
}
```

（2）实验结果。

代码上传成功后，将电路板AN17安装到Arduino Uno开发板上，并接通电源，单击菜单栏中的"工具"→"串口监视器"，设置波特率为"9600"（位于窗口右下方），设置输出格式为"NL"和"CR"（位于波特率设置处左侧），串口监视器将显示错误的日期、星期、时间。去掉参考程序中的注释符号"/*"和"*/"，设置当前的日期、星期、时间，再次将参考程序上传到Arduino Uno开发板内，串口监视器将显示正确的日期、星期、时间，同时液晶显示屏第一行显示日期（年、月、日）与星期（1、2、3、4、5、6、7），第二行显示时间（时、分、秒）。最后，恢复参考程序中的注释符号"/*"和"*/"，再次将参考程序上传到Arduino Uno开发板内，液晶显示屏才能正常工作。

17.5 拓展与挑战

代码上传成功后，将电路板AN17安装到Arduino Uno开发板上，并接通电源，液晶显示屏第一行显示日期（年、月、日）与星期（MONDAY、TUESDAY、WEDNESDAY、THURSDAY、FRIDAY、SATURDAY、SUNDAY），第二行显示时间（时、分、秒）。

提示：在C:\Program Files\Arduino\libraries\DS1302_Clock文件夹中找到DS1302.cpp文件，用记事本打开，找到以下程序。

```
case MONDAY:output="W=1";break;
```

```
case TUESDAY:output="W=2";break;
case WEDNESDAY: output="W=3";break;
case THURSDAY:output="W=4";break;
case FRIDAY:output="W=5";break;
case SATURDAY:output="W=6";break;
case SUNDAY:output="W=7";    break;
```

修改"W=1"为"MONDAY"，修改"W=2"为"TUESDAY"，修改"W=3"为"WEDNESDAY"，修改"W=4"为"THURSDAY"，修改"W=5"为"FRIDAY"，修改"W=6"为"SATURDAY"，修改"W=7"为"SUNDAY"，然后保存 DS1302.cpp 文件，将参考程序重新上传到 Arduino Uno 开发板内即可。

试验 18 语音计数器

语音计数器是采用真人语音方式播报计数结果的计数器。普通计数器虽然能通过数码管或显示屏显示计数结果，但如果同时采用真人语音方式播报计数结果，那么人无须专心注视显示屏就能轻松知道计数结果，非常方便盲人、视力不佳的人使用，而且在人与显示屏距离较远、需要在运行中计数等情况下获取计数结果尤其方便。

18.1 实验描述

运用 Arduino Uno 开发板编程控制语音播放模块 DY-SV8F 和计数器实现语音计数功能。语音计数器电原理图、电路板图、实物图、流程图如图 18.1 所示。

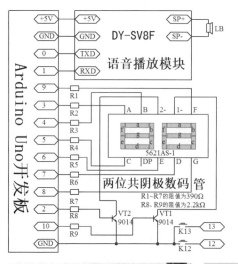
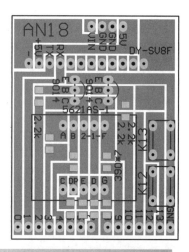

图 18.1 语音计数器电原理图、电路板图、实物图、流程图

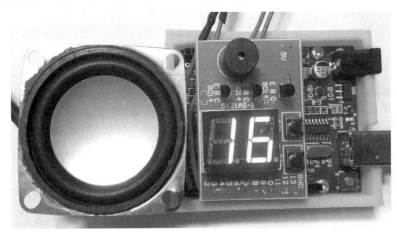

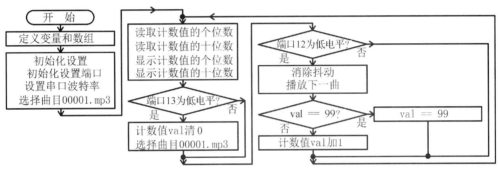

图 18.1　语音计数器电原理图、电路板图、实物图、流程图（续）

18.2　知识要点

（1）语音播放模块 DY-SV8F。

语音播放模块 DY-SV8F 支持 UART 串口控制语音播报功能，包括播放、暂停、选曲、音量加减等功能，最大选曲曲目数量达 65 535 首，串口波特率为 9600 bit/s；支持 IO 触发播放功能，8 个 IO 口可单独触发 8 首曲目，8 个 IO 口可组合触发 255 首曲目；支持 One_line 单总线串口控制语音播报功能，包括播放、暂停、选曲、音量加减等功能；支持 3 个配置 IO 口，可进行多达 7 种工作模式选择。该模块的突出优点是可采用多种方式编程控制语音播放，广泛应用于需要语音播放的情境，如语音计数器、语音电子表、语音报站器等。

该模块支持 mp3、wav 解码格式，板载 64Mbit（8MB）Flash 存储，板载 5W D 类功放，可直接驱动 4Ω 的喇叭。该模块上设置了电源正极端口+5V、电源负极端口 GND、TXD/IO0 和 RXD/IO1 等端口、USB 音频文件下载端口、音量电位器、喇叭引线端口、3.5mm 音频输出端口、模式配置选择开关。该模块的外形尺寸为 40mm×40mm，工作电压为 5.0V。

（2）计数器。

本实验中的计数器运用两位共阴极数码管和 2 个轻触开关实现 00～99 的计数功能。按计数键 K12，计数器示数加 1，喇叭发出对应示数的语音，直到数码管显示 99，喇叭发出对应的语音"九十九"。如果按清零键 K13，则数码管显示"00"，喇叭发出对应的语音"零"。

（3）语音播放模块编程方法。

本实验语音播放模块编程方法如下。

第一步：录制数字 00～99 语音，分别以文件名"00001.mp3""00002.mp3"……"00100.mp3"按顺序存储到语音播放模块的 Flash 芯片中，如"00001.mp3"是 mp3 格式文件，文件名是 5 位数字，音频内容为语音"零"，通过模块的 USB 音频文件下载端口直接存储到模块中，像普通 U 盘一样操作。注：要从"00001.mp3"开始，按顺序逐一存储，直到"00100.mp3"，这一点十分重要。

第二步：打开厂家配套的语音串口调试软件 DY-SV8F，如图 18.2 所示。首先在选择曲目右侧文本框内输入"00001"，然后单击"选择曲目"按钮，在"发送记录"文本框内选择并复制指令，最后编写指令，可实现选择曲目 00001.mp3 播放，即播放语音"零"。

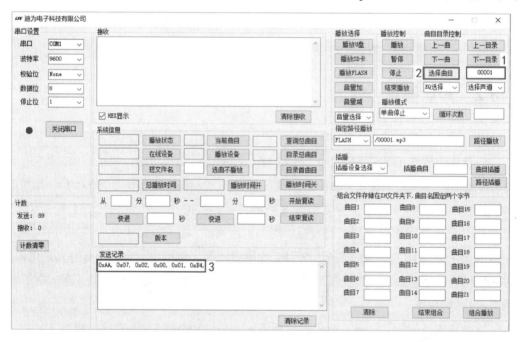

图 18.2　语音串口调试软件 DY-SV8F"选择曲目"指令获取方法

第三步：打开厂家配套的语音串口调试软件 DY-SV8F，如图 18.3 所示，首先单击"清除记录"按钮，以清除"发送记录"文本框中的内容，然后单击"下一曲"按钮，在"发送记录"文本框内选择并复制指令，最后编写指令，可实现播放下一曲功能。

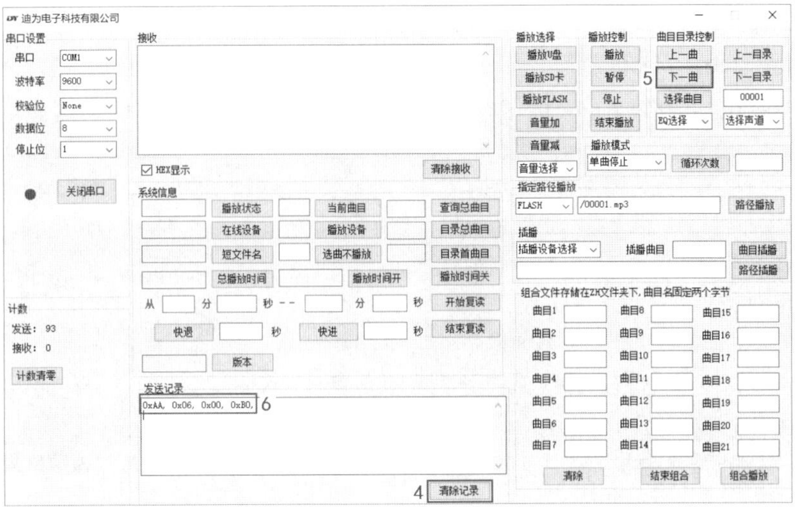

试验 18 语音计数器

图 18.3　语音串口调试软件 DY-SV8F "下一曲"指令获取方法

18.3　编程要点

（1）语句 Serial.begin(9600);表示设置串口波特率。语音播放模块串口波特率设置为 9600bit/s。

（2）播放指定曲目的语句。

首先打开厂家配套的语音串口调试软件 DY-SV8F，输入要选择的曲目文件名 "00001"，然后单击 "选择曲目" 按钮，在 "发送记录" 文本框内选择并复制指令 "0xAA, 0x07, 0x02, 0x00, 0x01, 0xB4,"，最后编写指令如下。

```
Serial.write(0xAA);  Serial.write(0x07);
Serial.write(0x02);  Serial.write(0x00);
Serial.write(0x01);  Serial.write(0xB4);
```

（3）播放下一曲的语句。

首先打开厂家配套的语音串口调试软件 DY-SV8F，单击 "清除记录" 按钮，以清除 "发送记录" 文本框中的内容，然后单击 "下一曲" 按钮，在 "发送记录" 文本框内选择并复制指令 "0xAA, 0x06, 0x00, 0xB0,"，最后编写指令如下。

```
Serial.write(0xAA);  Serial.write(0x06);
Serial.write(0x00);  Serial.write(0xB0);
```

18.4　程序设计

（1）参考程序。

```
char ledpin[] = {3, 4, 5, 7, 6, 9, 8};//设置数码管引脚对应的数字端口
```

```cpp
//定义数组num，设置数字0~9对应的段码值
unsigned char num[11] = {
  0x3f, 0x06, 0x5b, 0x4f, 0x66, 0x6d, 0x7d, 0x07, 0x7f, 0x6f, 0x00
};
int S1;//定义整型变量S1(个位)
int S2;//定义整型变量S1(十位)
int val = 0;//定义整型变量val (计数值)
void setup() {
  pinMode(12, INPUT);//设置数字端口12为输入模式
  pinMode(13, INPUT);//设置数字端口13为输入模式
  for (int i = 0; i < 14; i++) {
    pinMode(ledpin[i], OUTPUT);//设置数码管引脚对应的数字端口为输出模式
  }
  Serial.begin(9600);//设置语音播放模块串口波特率为9600bit/s
  //选择曲目00001.mp3, 0xAA, 0x07, 0x02, 0x00, 0x01, 0xB4,
  //曲目名称由5位数字组成，从00001开始
  //必须从"00001.mp3"开始，按顺序存储，直到"00100.mp3"为止，这一点十分重要
  //曲目00001.mp3发出语音"零"
  Serial.write(0xAA);  Serial.write(0x07);
  Serial.write(0x02);  Serial.write(0x00);
  Serial.write(0x01);  Serial.write(0xB4);
}
void deal(unsigned char value) {
  for (int i = 0; i < 7; i++)
    //将变量value的第i位给数组ledpin对应的第i个数字端口
    //共阳极数码管使用!bitRead(value,i)
    digitalWrite(ledpin[i], bitRead(value, i));
}
void loop() {
  S1 = (val) % 10;//读取计数值的个位数
  S2 = val / 10;//读取计数值的十位数
  digitalWrite(2, 0); digitalWrite(10, 1);//显示计数值的个位数
  deal(num[S1]);  delay(10);  deal(num[10]);
  digitalWrite(2, 1); digitalWrite(10, 0);//显示计数值的十位数
  deal(num[S2]);   delay(10);  deal(num[10]);
  digitalWrite(13, 1);//设置数字端口13为高电平
  if (digitalRead(13) == 0) {//如果数字端口13为低电平，即按键按下
    val = 0;//计数值val清0
    //选择曲目00001.mp3, 0xAA, 0x07, 0x02, 0x00, 0x01, 0xB4
    Serial.write(0xAA);  Serial.write(0x07);
```

```
      Serial.write(0x02);  Serial.write(0x00);
      Serial.write(0x01);  Serial.write(0xB4);
    }
  digitalWrite(12, 1);//设置数字端口 12 为高电平
  if (digitalRead(12) == 0) {//如果数字端口 12 为低电平，即按键按下
    delay(100);//延时 100ms，消除抖动
    digitalWrite(12, 1);//设置数字端口 12 为高电平
    if (digitalRead(12) == 0) {//如果数字端口 12 为低电平，即按键按下
      //播放下一曲
      Serial.write(0xAA);  Serial.write(0x06);
      Serial.write(0x00);  Serial.write(0xB0);
      if (val == 99) {//如果 val == 99
        val = 99;//那么 val = 99
      } else {
        val = (val + 1) % 100;//否则，计数值 val 加 1
      }
      //如果数字端口 12 为低电平，则循环执行；如果数字端口 12 为高电平，则跳出循环
      while (digitalRead(12) == 0);
    }
  }
}
```

（2）实验结果。

代码上传成功后，将电路板 AN18 安装到 Arduino Uno 开发板上，并接通电源，语音计数器数码管显示"00"，按计数键 K12，数码管示数加 1，喇叭发出对应示数的语音，直到数码管显示"99"，喇叭发出对应的语音"九十九"。如果按清零键 K13，则数码管显示"00"，喇叭发出对应的语音"零"。注：按计数键 K12 持续时间应大于 100ms，按清零键 K13 后需等待约 2s。

18.5 拓展与挑战

代码上传成功后，将电路板 AN18 安装到 Arduino Uno 开发板上，并接通电源，语音计数器数码管显示"00"，按计数键 K12，数码管示数加 1 ，喇叭发出对应示数的语音，直到数码管显示"99"，喇叭发出对应的语音"九十九"。如果按清零键 K13，则数码管显示"00"，喇叭发出对应的语音"清零"。

提示：录制语音"清零"，改文件名为"00001.mp3"，要从"00001.mp3"开始，按顺序逐一存储，直到"00100.mp3"为止，这一点十分重要。

实验 19 语音电子表

语音电子表是采用真人语音方式播报日期与时间的电子表,具有按键语音播报、特定时间语音播报功能,与整点报时闹钟、语音播报手机功能类似,具有较好的实用性与趣味性,以及独特的可开发性。例如,增加人体感应开关、光电开关或振动传感器可实现自动语音报时,增加光电耦合开关、电子开关或固态继电器可实现定时提醒并控制特定电子设备。

19.1 实验描述

运用 Arduino Uno 开发板编程控制语音播放模块 DY-SV8F、液晶显示屏模块 LCD1602A 和高精度时钟模块 DS3231 实现语音电子表功能。语音电子表电原理图、电路板图、实物图、流程图如图 19.1 所示。

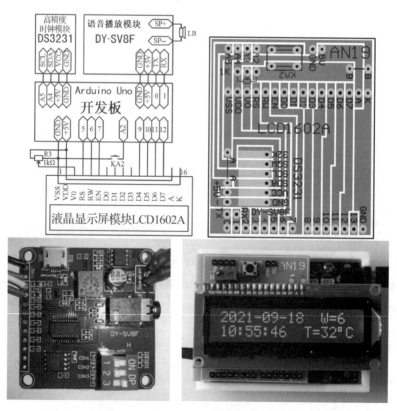

图 19.1 语音电子表电原理图、电路板图、实物图、流程图

实验 19 语音电子表

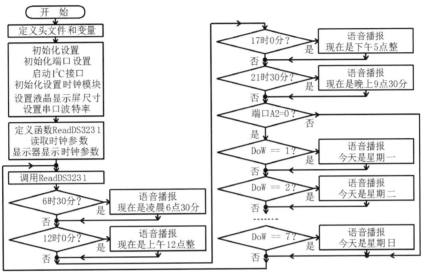

图 19.1　语音电子表电原理图、电路板图、实物图、流程图（续）

19.2　知识要点

（1）按键语音播报功能编程方法。

按键语音播报功能，即按一下 KA2（语音播报键），喇叭自动播报"今天是 X 年 X 月 X 日星期 X，现在是凌晨（上午、下午、晚上）X 点 X 分"。按键语音播报功能编程方法如下。

第一步，录制"今天是"、"2021 年"至"2030 年"、"一月"至"十二月"、"一日"至"三十一日"、"星期一"至"星期日"、"现在是"、"凌晨"、"上午"、"下午"、"晚上""1 点"至"12 点"、"1 分"至"59 分"、"整"语音，并将它们以 5 位数字命名，以 mp3 格式按先后顺序存储到模块中，像普通 U 盘一样操作。注：要从"00001.mp3"开始，按顺序逐一存储，直到最后一个文件为止，这一点十分重要。

第二步，将播报内容分段，逐段播放，首先播放"今天是"，其次播放"X 年""X 月""X 日""星期 X"，再次播放"凌晨（上午、下午、晚上）"，最后播放"X 点""X 分"。

例如，播报"星期 X"。

首先定义变量 DoW，并从时钟模块读取数据 int　DoW = Clock.getDoW();。

然后根据变量值播放对应语音内容，如播放"今天是星期一"。

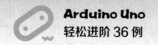

```
if (DoW == 1) {//语音内容是"今天是星期一"
    //选择曲目 00001.mp3, 0xAA, 0x07, 0x02, 0x00, 0x01, 0xB4
    Serial.write(0xAA);  Serial.write(0x07);
    Serial.write(0x02);  Serial.write(0x00);
    Serial.write(0x01);  Serial.write(0xB4);
}
```

曲目 00001.mp3 的语音内容是"今天是星期一"。指令 0xAA, 0x07, 0x02, 0x00, 0x01, 0xB4 是运用厂家配套的语音串口调试软件 DY-SV8F 获得的，详见实验 14。

（2）特定时间语音播报功能编程方法。

特定时间语音播报功能，即整点报时功能与闹钟播报功能。特定时间语音播报功能编程方法如下。

第一步。录制语音，如"现在是凌晨 6 点 30 分""现在是上午 12 点整""现在是下午 5 点整""现在是晚上 9 点 30 分"。录制完毕，可运用"格式工厂"软件剪辑、编辑语音，并将它们以 5 位数字命名，以 mp3 格式按先后顺序存储到模块中。例如，首先存储 00001.mp3 到模块中，然后存储 00002.mp3 到模块中，接着存储 00003.mp3 到模块中，以此类推。

第二步。根据需要编程。

例如，播报"现在是凌晨 6 点 30 分"。

首先定义变量 hour、minute，并从时钟模块读取数据。

```
int hour = Clock.getHour(h12, PM);
int minute = Clock.getMinute();
```

然后根据变量值播放对应语音内容。

```
if (hour == 6 and minute == 30) {//语音内容是"现在是凌晨 6 点 30 分"
    //选择曲目 00008.mp3, 0xAA, 0x07, 0x02, 0x00, 0x08, 0xBB
    Serial.write(0xAA);  Serial.write(0x07);
    Serial.write(0x02);  Serial.write(0x00);
    Serial.write(0x08);  Serial.write(0xBB);
    delay(5000);//延时 5000ms
}
```

曲目 00008.mp3 的语音内容是"现在是凌晨 6 点 30 分"。

19.3 编程要点

（1）语句如下：

```
if (DoW == 1) {//语音内容是"今天是星期一"
    //选择曲目 00001.mp3, 0xAA, 0x07, 0x02, 0x00, 0x01, 0xB4
```

```
        Serial.write(0xAA);   Serial.write(0x07);
        Serial.write(0x02);   Serial.write(0x00);
        Serial.write(0x01);   Serial.write(0xB4);
     }
```

如果星期变量为 1,则播放语音 "今天是星期一";如果星期变量为 2,则播放语音 "今天是星期二",以此类推。

(2)语句如下:

```
if (hour == 6 and minute == 30) {//语音内容是 "现在是凌晨 6 点 30 分"
    //选择曲目 00008.mp3, 0xAA, 0x07, 0x02, 0x00, 0x08, 0xBB
    Serial.write(0xAA);   Serial.write(0x07);
    Serial.write(0x02);   Serial.write(0x00);
    Serial.write(0x08);   Serial.write(0xBB);
    delay(5000);//延时 5000ms
}
```

如果时钟变量为 6,分钟变量为 30,则播放曲目 00008.mp3,延时 5000ms,即每 5s 播放一次语音 "现在是凌晨 6 点 30 分",1min 内将重复播放 20 次。

19.4 程序设计

(1)参考程序。

```
#include  <LiquidCrystal.h>//定义头文件,这是 LCD1602A 库函数文件
#include  <DS3231.h>//定义头文件 DS3231.h,这是 DS3231 库函数文件
#include  <Wire.h>//定义头文件 Wire.h,这是 I²C 通信库函数文件
DS3231   Clock;//创建 DS3231 对象名为 Clock
bool    Century = false;//定义布尔型变量
bool    h12;//定义布尔型变量
bool    PM;//定义布尔型变量
LiquidCrystal lcd(5, 6, 7, 9, 10, 11, 12);
//创建 LiquidCrystal(rs,rw,en,d4,d5,d6,d7)类实例 lcd
void setup() {
  pinMode(A2, INPUT);//设置模拟端口 A2 为输入模式
  pinMode(A2, OUTPUT);//设置模拟端口 A2 为输出模式
  Wire.begin();//启动 I²C 接口
  /*初始化设置,用于设置时钟模块的年、月、日、星期、时、分、秒,设置完成后必须注释掉
Clock.setYear(21);//设置年
Clock.setMonth(1);//设置月
Clock.setDate(25);//设置日
Clock.setDoW(1);//设置星期
```

```
    Clock.setHour(19);//设置时
    Clock.setMinute(31);//设置分
    Clock.setSecond(50);//设置秒
      */
    lcd.begin(16, 2);//设置液晶显示屏尺寸
    Serial.begin(9600);//设置语音播放模块串口波特率为9600bit/s
}
void ReadDS3231() {
    int second, minute, hour, DoW, date, month, year, temperature;
    second = Clock.getSecond();//读取秒
    minute = Clock.getMinute();//读取分
    hour = Clock.getHour(h12, PM);//读取时
    DoW = Clock.getDoW();//读取星期
    date = Clock.getDate();//读取日
    month = Clock.getMonth(Century);//读取月
    year = Clock.getYear();//读取年
    temperature = Clock.getTemperature();//读取温度值
    lcd.clear();//清屏
    lcd.setCursor(0, 0);//设置光标位置为第0列第0行
    lcd.print("20");//显示字符串
    lcd.setCursor(2, 0);//设置光标位置为第2列第0行
    lcd.print(year, DEC);//显示年十进制数
    lcd.setCursor(4, 0);//设置光标位置为第4列第0行
    lcd.print('-');//显示字符串
    lcd.setCursor(5, 0);//设置光标位置为第5列第0行
    if (month > 9) {//如果month > 9
      lcd.print(month, DEC);//显示月十进制数
    } else {
      lcd.print("0");//显示字符串
      lcd.print(month, DEC);//显示月十进制数
    }
    lcd.setCursor(7, 0);//设置光标位置为第7列第0行
    lcd.print('-');//显示字符串
    lcd.setCursor(8, 0);//设置光标位置为第8列第0行
    if (date > 9) {//如果date > 9
      lcd.print(date, DEC);//显示日十进制数
    } else {
      lcd.print("0");//显示字符串
      lcd.print(date, DEC);//显示日十进制数
    }
    lcd.setCursor(11, 0);//设置光标位置为第11列第0行
```

```
lcd.print(' ');//显示字符串
lcd.setCursor(12, 0);//设置光标位置为第 12 列第 0 行
lcd.print("W=");//显示字符串
lcd.setCursor(14, 0);//设置光标位置为第 14 列第 0 行
lcd.print(DoW, DEC);//显示星期十进制数
lcd.setCursor(0, 1);//设置光标位置为第 0 列第 1 行
lcd.print(hour, DEC);//显示时十进制数
lcd.setCursor(2, 1);//设置光标位置为第 2 列第 1 行
lcd.print(':');//显示字符串
lcd.setCursor(3, 1);//设置光标位置为第 3 列第 1 行
if (minute > 9) {//如果 minute > 9
  lcd.print(minute, DEC);//显示分十进制数
} else {
  lcd.print("0");//显示字符串
  lcd.print(minute, DEC);//显示分十进制数
}
lcd.setCursor(5, 1);//设置光标位置为第 5 列第 1 行
lcd.print(':');//显示字符串
lcd.setCursor(6, 1);//设置光标位置为第 6 列第 1 行
if (second > 9) {//如果 second > 9
  lcd.print(second, DEC);//显示秒十进制数
} else {
  lcd.print("0");//显示字符串
  lcd.print(second, DEC);//显示秒十进制数
}
lcd.setCursor(9, 1);//设置光标位置为第 9 列第 1 行
lcd.print(" ");//显示字符" ",即空格
lcd.setCursor(10, 1);//设置光标位置为第 10 列第 1 行
lcd.print("T=");//显示字符串
lcd.setCursor(12, 1);//设置光标位置为第 12 列第 1 行
if (temperature > 9) {//如果 temperature > 9
  lcd.print(temperature);//显示温度值
} else {
  lcd.print("0");//显示字符"0"
  lcd.print(temperature);//显示温度值
}
lcd.print(temperature);//显示温度值
lcd.setCursor(14, 1);//设置光标位置为第 14 列第 1 行
lcd.print((char)223);//显示字符"°"
lcd.setCursor(15, 1);//设置光标位置为第 15 列第 1 行
lcd.print("C");//显示字符"C"
```

```cpp
}
void loop() {
  ReadDS3231();//调用时钟函数
  delay(100);//延时100ms
  int  hour = Clock.getHour(h12, PM);//从时钟模块读取数据
  int  minute = Clock.getMinute();//从时钟模块读取数据
  if (hour == 6 and minute == 30) {//语音内容是"现在是凌晨6点30分"
    //选择曲目00008.mp3, 0xAA, 0x07, 0x02, 0x00, 0x08, 0xBB
    Serial.write(0xAA);  Serial.write(0x07);
    Serial.write(0x02);  Serial.write(0x00);
    Serial.write(0x08);  Serial.write(0xBB);
    delay(5000);//延时5000ms
  }
  if (hour == 12 and minute == 0 ) {//语音内容是"现在是上午12点整"
    //选择曲目00009.mp3, 0xAA, 0x07, 0x02, 0x00, 0x09, 0xBC
    Serial.write(0xAA);  Serial.write(0x07);
    Serial.write(0x02);  Serial.write(0x00);
    Serial.write(0x09);  Serial.write(0xBC);
    delay(5000);//延时5000ms
  }
  if (hour == 17 and  minute == 0) {//语音内容是"现在是下午5点整"
    //选择曲目00010.mp3, 0xAA, 0x07, 0x02, 0x00, 0x0A, 0xBD
    Serial.write(0xAA);  Serial.write(0x07);
    Serial.write(0x02);  Serial.write(0x00);
    Serial.write(0x0A);  Serial.write(0xBD);
    delay(5000);//延时5000ms
  }
  if (hour == 21 and minute == 30 ) {//语音内容是"现在是晚上9点30分"
    //选择曲目00011.mp3, 0xAA, 0x07, 0x02, 0x00, 0x0B, 0xBE
    Serial.write(0xAA);  Serial.write(0x07);
    Serial.write(0x02);  Serial.write(0x00);
    Serial.write(0x0B);  Serial.write(0xBE);
    delay(5000);//延时5000ms
  }
  if (digitalRead(A2) == 0) {//如果端口A2为低电平
    delay(100);//延时100ms,消除抖动
    digitalWrite(A2, 1);//设置模拟端口A2为高电平
    if (digitalRead(A2) == 0) {//如果模拟端口A2为低电平
      int  DoW = Clock.getDoW();//从时钟模块读取数据
      if (DoW == 1) {//语音内容是"今天是星期一"
        //选择曲目00001.mp3, 0xAA, 0x07, 0x02, 0x00, 0x01, 0xB4
```

```
    Serial.write(0xAA);  Serial.write(0x07);
    Serial.write(0x02);  Serial.write(0x00);
    Serial.write(0x01);  Serial.write(0xB4);
}
if (DoW == 2) {//语音内容是"今天是星期二"
    //选择曲目00002.mp3, 0xAA, 0x07, 0x02, 0x00, 0x02, 0xB5
    Serial.write(0xAA);  Serial.write(0x07);
    Serial.write(0x02);  Serial.write(0x00);
    Serial.write(0x02);  Serial.write(0xB5);
}
if (DoW == 3) {//语音内容是"今天是星期三"
    //选择曲目00003.mp3, 0xAA, 0x07, 0x02, 0x00, 0x03, 0xB6
    Serial.write(0xAA);  Serial.write(0x07);
    Serial.write(0x02);  Serial.write(0x00);
    Serial.write(0x03);  Serial.write(0xB6);
}
if (DoW == 4) {//语音内容是"今天是星期四"
    //选择曲目00004.mp3, 0xAA, 0x07, 0x02, 0x00, 0x04, 0xB7
    Serial.write(0xAA);  Serial.write(0x07);
    Serial.write(0x02);  Serial.write(0x00);
    Serial.write(0x04);  Serial.write(0xB7);
}
if (DoW == 5) {//语音内容是"今天是星期五"
    //选择曲目00005.mp3, 0xAA, 0x07, 0x02, 0x00, 0x05, 0xB8
    Serial.write(0xAA);  Serial.write(0x07);
    Serial.write(0x02);  Serial.write(0x00);
    Serial.write(0x05);  Serial.write(0xB8);
}
if (DoW == 6) {//语音内容是"今天是星期六"
    //选择曲目00006.mp3, 0xAA, 0x07, 0x02, 0x00, 0x06, 0xB9
    Serial.write(0xAA);  Serial.write(0x07);
    Serial.write(0x02);  Serial.write(0x00);
    Serial.write(0x06);  Serial.write(0xB9);
}
if (DoW == 7) {//语音内容是"今天是星期日"
    //选择曲目00007.mp3, 0xAA, 0x07, 0x02, 0x00, 0x07, 0xBA
    Serial.write(0xAA);  Serial.write(0x07);
    Serial.write(0x02);  Serial.write(0x00);
    Serial.write(0x07);  Serial.write(0xBA);
}
}
```

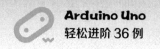

```
    }
}
```

（2）实验结果。

代码上传成功后，将电路板 AN19 安装到 Arduino Uno 开发板上，并接通电源，按一下 KA2（语音播报键），喇叭将播放语音"今天是星期 X"。当时间是 6:30 时，喇叭将自动播放语音"现在是凌晨 6 点 30 分"，重复 20 次；当时间是 12:00 时，喇叭将自动播放语音"现在是上午 12 点整"，重复 20 次；当时间是 17:00 时，喇叭将自动播放语音"现在是下午 5 点整"，重复 20 次；当时间是 21:30 时，喇叭将自动播放语音"现在是晚上 9 点 30 分"，重复 20 次。

19.5　拓展与挑战

代码上传成功后，将电路板 AN19 安装到 Arduino Uno 开发板上，并接通电源，按一下 KA2（语音播报建），喇叭将播放语音"今天是星期 X"。当时间是 8:00 时，喇叭将自动播放语音"现在是上午 8 点整"，重复 20 次；当时间是 12:00 时，喇叭将自动播放语音"现在是中午 12 点整"，重复 20 次；当时间是 16:30 时，喇叭将自动播放语音"现在是下午 4 点 30 分"，重复 20 次；当时间是 20:00 时，喇叭将自动播放语音"现在是晚上 8 点整"，重复 20 次。

实验 20　语音识别器

语音识别是将人类语音转换成书面语言或机器语言的技术。常见语音识别应用系统有：①语音输入系统，如语音输入法（相比键盘输入方式，更自然、更高效）、语音转文字、语音翻译器；②语音控制系统，如语音拨号系统（相比手动控制方式，更方便、更快捷）、智能家电、智能玩具；③智能对话查询系统，如语音家庭服务、语音订票系统、语音医疗服务、语音银行服务；④语音交互系统，如语音交互机器人。

语音识别器是运用语音识别模块把语音信号转换成相应的机器语言，从而让计算机执行相关操作的装置。

20.1　实验描述

运用 Arduino Uno 开发板通过语音识别模块 LD3320 编程控制七彩发光环模块 WS2812-8，以语音控制方式使七彩发光环模块发出不同颜色的光。语音识别器电原理图、电路板图、实物图、流程图如图 20.1 所示。

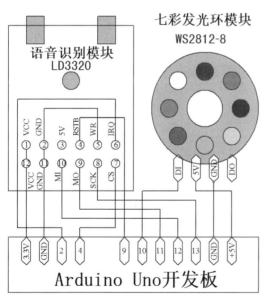
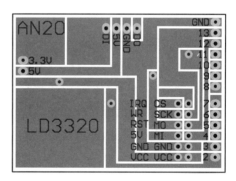

图 20.1　语音识别器电原理图、电路板图、实物图、流程图

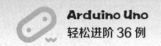

 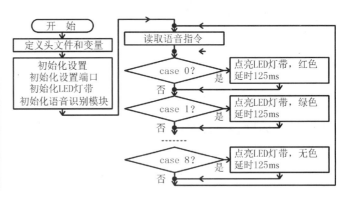

图 20.1　语音识别器电原理图、电路板图、实物图、流程图（续）

20.2　知识要点

（1）语音识别模块 LD3320。

语音识别模块 LD3320 内置语音识别芯片（该芯片集成了语音识别处理器和一些外部电路，包括 A/D 转换器、D/A 转换器、麦克风接口、声音输出接口等），具有识别语音功能，最多能识别 50 条语音，可识别所有中文普通话词条，如果是阿拉伯数字或英文，则可用相近的汉字拼音替代，识别距离为 1m 以内，在 1m 以内、无明显噪声条件下识别率可达 85%，可通过修改程序内的拼音修改可被识别的词汇。该模块可用于智能家电、导航仪、智能玩具、自动售货机、地铁自动售票机、智能语音垃圾分类垃圾桶、语音交互机器人等。

该模块的外形尺寸为 22.5mm×57mm，设置了 VCC（2 个，电源正极，接 3.3V）、GND（2 个，电源地）、5V（电源正极，接 5V）、RST（复位）、WR（写允许，低电平有效）、IRQ（中断输出，输出下降沿）、CS（片选，低电平有效）、SCK（SPI 时钟输入）、

MO（SPI 数据输入），MI（SPI 数据输出）共 12 个引脚。

特别说明：该模块可实现非特定人语音识别，用户在使用该模块时，不需要事先训练、录音、联网。

该模块最多可以设置 50 条候选识别句，每条识别句可以是单字、词组或短句，长度不超过 10 个汉字或 79B 的拼音串。

该模块不能识别方言，在嘈杂环境中语音识别可能会出错。

该模块不具有语音播报功能，但支持 mp3 播放功能，用户可通过立体声的耳机（20mW）或单声道喇叭（550mW）听到声音。

（2）语音识别原理。

语音识别芯片采用基于关键词列表的非特定人语音识别技术制成，识别过程是把用户说出的语音内容通过频谱转换为语音特征，把经频谱转换后得到的语音特征和关键词列表中的条目一一比对，匹配到的最优的条目就是识别结果。

（3）SPI。

SPI 是英文 Serial Peripheral Interface 的简称，意思是串行外围接口。SPI 在 CPU 和外围低速器件之间进行同步串行数据传输，在主器件的移位脉冲下，数据按位传输，高位在前，低位在后，全双工通信，数据传输速度比 I^{2}C 总线快，速度可达到几兆比特每秒。SPI 的优点是信号线少，协议简单，数据传输快速；缺点是没有指定的流控制，没有应答机制确认是否接收到了数据。

SPI 包括 MOSI（主器件数据输出，从器件数据输入，有的 IC 标注为 MO），MISO（主器件数据输入，从器件数据输出，有的 IC 标注为 MI），SCLK（时钟信号，由主器件产生，最大为 fPCLK/2，从模式频率最大为 fCPU/2，有的 IC 标注为 SCK），NSS（从器件使能信号，由主器件控制，有的 IC 标注为 CS）。

SPI 实际上是两个简单的移位寄存器，传输的数据位数为 8，数据按位传输，高位在前，低位在后。

（4）LD3320 库函数文件安装方法。

ld3320.h 是语音识别芯片 LD3320 库函数文件，安装方法为将含有 ld3320.h 和 ld3320.cpp 文件的文件夹直接复制到 C 盘的 Program Files\Arduino\Libraries 文件夹中。

20.3 编程要点

（1）语句 Voice.addCommand("hong", 0);表示添加语音指令内容为"hong"，标签为 0，当语音识别内容为"hong"时，程序将跳转到标签值为 0 处执行。

特别说明：在对识别精度要求较高的场景中，可以添加一些垃圾关键词语（10～30 条），以吸收错误的语音识别结果。例如，添加 Voice.addCommand("heng", 50);及

Voice.addCommand("hun", 50);。

在纯方言发音场合下或需要识别简单的外文时，可用发音相近的拼音代替。例如，与英文 one 发音相近的拼音为 wan，与英文 two 发音相近的拼音为 tu，与英文 three 发音相近的拼音为 si rui。

（2）编译没有错误，但指令没反应，是怎么回事？将语音识别模块 LD3320 安装到电路板 AN20 上，将电路板 AN20 安装到 Arduino Uno 开发板上，用方头 USB 数据线将 Arduino Uno 开发板与计算机连接起来。在 Arduino IDE 编程界面中输入语音识别参考程序，编译并将其上传到 Arduino Uno 开发板中。单击菜单栏中的"工具"→"串口监视器"，设置波特率为"9600"（位于窗口右下方），设置输出格式为"NL"和"CR"（位于波特率设置处左侧），串口监视器将显示"开始语音识别!"，对着话筒以较慢速度说"红""绿""蓝""黄""青""紫""白""暗""关"，七彩发光环模块 WS2812-8 将点亮红色光点、绿色光点、蓝色光点、黄色光点、青色光点、紫色光点、白色光点，关闭 4 个光点、关闭 8 个光点。

如果对着话筒说指令，串口监视器没显示相应字符，七彩发光环模块没反应，那么需要从头开始检查。

首先，检查电路焊接是否有短路、虚焊错误。

其次，检查硬件安装是否正确、可靠。

最后，检查 LD3320 库函数文件是否正确。

LD3320 库函数位置查找方法：右击 Arduino 图标，在弹出的快捷菜单中选择"更多"选项下的"打开文件位置"子选项，或者右击 Arduino 图标，在弹出的快捷菜单中选择"属性"选项，在弹出的对话框中单击"快捷方式"选项卡下的"打开文件所在的位置"按钮，在 C:\Program Files (x86)\Arduino\arduino.exe 路径下找到并打开 libraries 文件夹，找到并打开 ld3320 文件夹。该文件夹内有 ld3320.cpp、ld3320.h、PinMap.h 三个文件。

用记事本打开 ld3320.cpp，可看到以下语句。

```
int RSTB=9;//RSTB 引脚定义
int CS=4;//CS 引脚定义
```

用记事本打开 ld3320.h，可看到以下语句。

```
#define CLK_IN    24//频率
uint8_t const SPI_MOSI_PIN = 11;
uint8_t const SPI_MISO_PIN = 12;
uint8_t const SPI_SCK_PIN = 13;
```

如果使用的 LD3320 库函数文件与上述内容不一致，则删除原库函数文件，重新复制一个与上述内容相同的 LD3320 库函数文件至 libraries 文件夹。

另外，尝试在安静的环境条件下以较慢的速度清晰地说出单字语音指令，或者更换新的语音识别模块 LD3320。

20.4 程序设计

（1）程序参考。

```
#include <Adafruit_NeoPixel.h>//定义头文件，这是 WS2812-8 库函数文件
#define led_numbers 8//定义智能控制 LED 光源数量
#define PIN 10//定义智能控制 LED 光源输入端引脚为数字端口 10
//NEO_GRB + NEO_KHZ800 为像素类型标志
//NEO_KHZ800 是大多数 LED 灯带驱动类型
//NEO_GRB 是大多数 LED 灯带像素显示类型
Adafruit_NeoPixel strip = Adafruit_NeoPixel(led_numbers, PIN, NEO_GRB + NEO_KHZ800);
int Red_num = 250;//定义整型变量
int Green_num = 250;//定义整型变量
int Blue_num = 250;//定义整型变量
int Bright_num = 50;//定义整型变量
#include <ld3320.h>//定义头文件，这是 LD3320 库函数文件
VoiceRecognition Voice;//声明一个语音识别对象
void setup() {
  pinMode(4, OUTPUT);//设置数字端口 4 为输出模式
  strip.begin();//初始化 LED 灯带
  strip.setBrightness(50);//设置亮度值为最大值(255)的约 1/5
  Serial.begin(9600);//打开串口，设置数据传输速率为 9600bit/s
  Serial.println("开始语音识别!");//串口监视器显示文本并换行
  Voice.init();//初始化语音识别模块
  Voice.addCommand("hong", 0);//添加语音指令内容与标签
  Voice.addCommand("lv", 1);//添加语音指令内容与标签
  Voice.addCommand("lan", 2);//添加语音指令内容与标签
  Voice.addCommand("huang", 3);//添加语音指令内容与标签
  Voice.addCommand("qing", 4);//添加语音指令内容与标签
  Voice.addCommand("zi", 5);//添加语音指令内容与标签
  Voice.addCommand("bai", 6);//添加语音指令内容与标签
  Voice.addCommand("an", 7);//添加语音指令内容与标签
  Voice.addCommand("guan", 8);//添加语音指令内容与标签
  Voice.start();//开始语音识别
}
void loop() {
```

```cpp
switch (Voice.read()) {//读取语音指令,识别判断
  case 0:
    Serial.println("红-红灯");//串口监视器显示文本并换行
    for (int i = 0; i < 8; i++) {
      strip.setPixelColor(i, 255, 0, 0);//红色
      strip.show();//点亮LED灯带
      delay(125);//延时125ms
    }
    break;
  case 1:
    Serial.println("绿-绿灯");//串口监视器显示文本并换行
    for (int i = 0; i < 8; i++) {
      strip.setPixelColor(i, 0, 255, 0);//绿色
      strip.show();//点亮LED灯带
      delay(125);//延时125ms
    }
    break;
  case 2:
    Serial.println("蓝-蓝灯");//串口监视器显示文本并换行
    for (int i = 0; i < 8; i++) {
      strip.setPixelColor(i, 0, 0, 255);//蓝色
      strip.show();//点亮LED灯带
      delay(125);//延时125ms
    }
    break;
  case 3:
    Serial.println("黄-黄灯");//串口监视器显示文本并换行
    for (int i = 0; i < 8; i++) {
      strip.setPixelColor(i, 255, 255, 0);//黄色
      strip.show();//点亮LED灯带
      delay(125);//延时125ms
    }
    break;
  case 4:
    Serial.println("青-青灯");//串口监视器显示文本并换行
    for (int i = 0; i < 8; i++) {
      strip.setPixelColor(i, 0, 255, 255);//青色
      strip.show();//点亮LED灯带
      delay(125);//延时125ms
    }
```

```
      break;
    case 5:
      Serial.println("紫-紫灯");//串口监视器显示文本并换行
      for (int i = 0; i < 8; i++) {
        strip.setPixelColor(i, 255, 0, 255);//紫色
        strip.show();//点亮LED灯带
        delay(125);//延时125ms
      }
      break;
    case 6:
      Serial.println("白-白灯");//串口监视器显示文本并换行
      for (int i = 0; i < 8; i++) {
        strip.setPixelColor(i, 255, 255, 255);//白色
        strip.show();//点亮LED灯带
        delay(125);//延时125ms
      }
      break;
    case 7:
      Serial.println("暗-关4灯");//串口监视器显示文本并换行
      for (int i = 0; i < 8; i += 2) {
        strip.setPixelColor(i, 0, 0, 0);//无色
        strip.show();//点亮LED灯带
        delay(125);//延时125ms
      }
      break;
    case 8:
      Serial.println("关-关8灯");//串口监视器显示文本并换行
      for (int i = 0; i < 8; i++) {
        strip.setPixelColor(i, 0, 0, 0);//无色
        strip.show();//点亮LED灯带
        delay(125);//延时125ms
      }
      break;
    default:
      break;
  }
}
```

（2）实验结果。

代码上传成功后，将电路板 AN20 安装到 Arduino Uno 开发板上，并接通电源，对着语音识别模块 LD3320 以较慢速度说"红""绿""蓝""黄""青""紫""白""暗""关"，

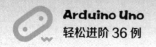

七彩发光环模块 WS2812-8 将点亮红色光点、绿色光点、蓝色光点、黄色光点、青色光点、紫色光点、白色光点，关闭 4 个光点、关闭 8 个光点。

20.5　拓展与挑战

代码上传成功后，将电路板 AN20 安装到 Arduino Uno 开发板上，并接通电源，对着语音识别模块 LD3320 以较慢速度说"开""变色"，七彩发光环模块 WS2812-8 将点亮白色光点、光点颜色发生变化。

提示：

增加语句如下。

```
Voice.addCommand("kai", 6); Voice.addCommand("bian se", 9);
```

增加 case 9 语句。

```
      Serial.println("变色-光点颜色发生变化");//串口监视器显示文本并换行
      for (int i = 0; i < 8; i++) {
        strip.setPixelColor(i, 255, 0, 0);//红色
        strip.show();//点亮 LED 灯带
        delay(125);//延时 125ms
      }
      for (int i = 0; i < 8; i++) {
        strip.setPixelColor(i, 0, 255, 0);//绿色
        strip.show();//点亮 LED 灯带
        delay(125);//延时 125ms
      }
      for (int i = 0; i < 8; i++) {
        strip.setPixelColor(i, 0, 0, 255);//蓝色
        strip.show();//点亮 LED 灯带
        delay(125);//延时 125ms
      }
      for (int i = 0; i < 8; i++) {
        strip.setPixelColor(i, 0, 0, 0);//无色
        strip.show();//点亮 LED 灯带
        delay(125);//延时 125ms
      }
      break;
```

实验 21　指纹识别器

指纹是指手指末节内侧表面的皮肤乳突排列而成的花纹结构。有研究发现，指纹人人皆有，但却各不相同（重复率约为 150 亿分之一），而且指纹终身不变，因此说指纹是"人体身份证"。由于指纹是每个人独有的标记，因此罪犯在作案现场留下的指纹能成为警方抓捕疑犯极为重要的线索。

指纹识别是指通过比较不同指纹的特征点来进行鉴别的技术。特征点包括节点、分叉点、分歧点、孤立点、环点、短纹等。特征点的参数包括方向（节点朝着一定的方向）、曲率（描述纹路方向改变的速度）、位置（节点的位置，可以通过 x 坐标或 y 坐标来描述）。指纹识别过程通常包括获取指纹图像、指纹图像处理、指纹特征处理、指纹特征比对、指纹数据存储等。

当前指纹识别技术由于方便可靠、价格便宜，因此应用十分广泛，如公安机关针对大规模人群的身份鉴别、PC、ATM、考勤机、智能小区门禁系统、指纹锁及网民从现实生活进入互联网虚拟世界的认证应用等。

指纹识别器是运用指纹识别传感器模块及其配套硬件和软件通过识别使用者的指纹实现智能控制的装置。

21.1　实验描述

运用 Arduino Uno 开发板编程控制指纹识别模块 AS608 和液晶显示屏模块 LCD1602A，通过获取指纹图像、指纹特征比对等实现智能点亮 LED 功能。指纹识别器电原理图、电路板图、实物图、流程图如图 21.1 所示。

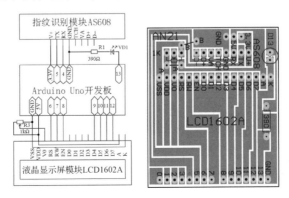

图 21.1　指纹识别器电原理图、电路板图、实物图、流程图

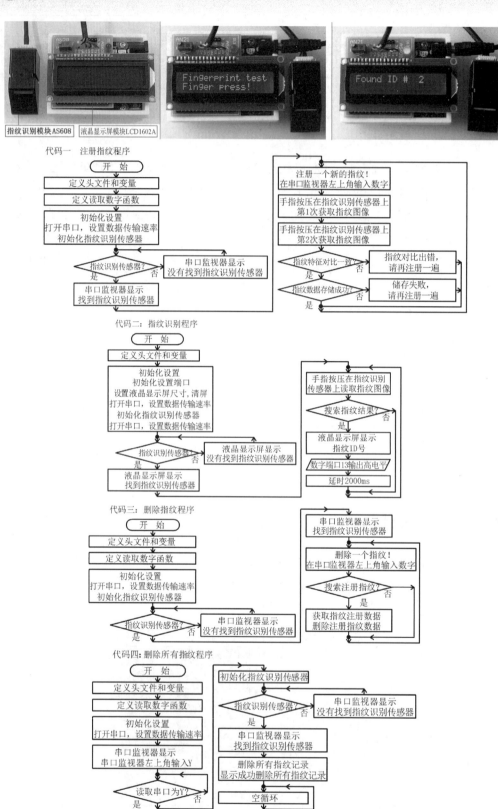

图 21.1 指纹识别器电原理图、电路板图、实物图、流程图（续）

21.2 知识要点

（1）指纹识别模块 AS608。

指纹识别模块 AS608 是一款采用了指纹识别芯片的光学指纹识别模块。

指纹识别芯片是基于 ARM Cortex-M 系列内核开发的高性能 32 位微控制器，集成了 4KB 指令缓存，工作频率可达 144MHz，内嵌闪存容量可达 512KB，随机存储器容量可达 128KB，最大可扩展外部存储器容量为 16MB。

指纹识别芯片内置 DSP 运算单元，集成了指纹识别算法，能高效、快速地采集指纹图像并识别指纹特征，配备了串口、USB 通信接口，具有体积小、功耗低、接口简单、可靠性高、识别速度快、干湿手指适应性好、指纹搜索速度快等特点，可应用于各种考勤机、保险箱/柜、指纹门禁系统、指纹锁等场合。

指纹识别模块 AS608 的外形尺寸为 48.1mm（长）×20.3mm（宽）×23.3mm（高），窗口面积为 15.3mm×18.2mm，工作电压为 3.0~3.6V，典型工作电压为 3.3V（使用 5V 电压供电，将会烧坏模块），工作电流为 30~60mA，指纹图像录入时间小于 1.0s，传感器图像大小为 256 像素×288 像素，分辨率为 500dpi，可录入指纹图像 300 幅。

该模块设有 V+（模块电源正极）、TX（串行数据输出）、RX（串行数据输入）、GND（电源地）、TCH（感应信号输出，默认高电平有效）、VA（触摸感应电源正极，3.3V 电压供电）、D+（USB D+）、D−（USB D−）共 8 个端口，有 USB 和 UART 两种通信接口。

（2）指纹识别模块 AS608 注册指纹方法。

第一步：将指纹识别模块 AS608 安装到电路板 AN21 上，将电路板 AN21 安装到 Arduino Uno 开发板上，用方头 USB 数据线将 Arduino Uno 开发板与计算机连接起来。在 Arduino IDE 编程界面中输入注册指纹程序，编译并将其上传到 Arduino Uno 开发板中。

特别说明：在上传程序之前，必须先下载并安装头文件 Adafruit_Fingerprint.h。

安装头文件方法：首先将计算机连接上互联网，然后打开 Arduino IDE 软件，单击"项目"→"加载库"→"管理库"→"库管理器"，在库管理器中输入库函数文件名，按回车键，搜索库函数文件链接，单击"安装"按钮，重启软件即可，或者直接将库函数文件夹 Adafruit-Fingerprint 复制到 C:\Program Files (x86)\Arduino\libraries 文件夹内。

如果出现找不到指纹识别传感器提示，那么应检查指纹识别模块与电路板 AN21 之间的连接线有没有接错或断路现象，或者更换一个新的指纹识别传感器再试一试，还要检查参考程序是否正确，如检查语句 SoftwareSerial mySerial(6, 7);是否正确。

第二步：单击菜单栏中的"工具"→"串口监视器"，设置波特率为"9600"（位于窗口右下方），设置输出格式为"NL"和"CR"（位于波特率设置处左侧），串口监视器将显示"启动注册指纹程序，找到指纹识别传感器，准备注册一个新的指纹！请在串口监视器左上角输入数字，比如：1（或者 2，最大为 300），然后单击发送按钮"。

第三步：在串口监视器窗口左上角（第一行左侧）处输入"1"，然后单击串口监视器窗口右上角（第一行右侧）的"发送"按钮，串口监视器将显示"正在注册的指纹编号为1，请将干净的手指按压在指纹识别传感器窗口上"，将干净的手指按压在指纹识别传感器窗口上，串口监视器将显示"第1次获取指纹图像成功，第1次转换指纹图像成功，第1次指纹注册完成，请移走手指，请再次按压相同的手指，准备第2次指纹注册"，再次将干净的手指按压在指纹识别传感器窗口上，串口监视器将显示"第2次获取指纹图像成功，第2次转换指纹图像成功，前后两次指纹比对一致，编号为1指纹注册成功，正常储存完毕"，这说明编号为1的指纹注册成功。以此方法，可注册更多指纹，最多可注册300枚指纹。

特别说明：如果注册失败，那么应重新注册一遍，注册相同编号的指纹，机器将以最后一次注册的指纹作为最终记录。如果机器内已储存了相同编号的指纹，那么注册将不能继续，建议注册前先删除机器内所有指纹。

（3）指纹识别模块AS608识别指纹方法。

第一步：将指纹识别模块AS608安装到电路板AN21上，将电路板AN21安装到Arduino Uno开发板上，用方头USB数据线将Arduino Uno开发板与计算机连接起来。在Arduino IDE编程界面中输入指纹识别程序，编译并将其上传到Arduino Uno开发板中。液晶显示屏将显示"Fingerprint test""Found sensor!"。

第二步：将已注册指纹的手指（如指纹编号为1的手指）按压在指纹识别传感器窗口上，液晶显示屏将显示"Found ID #1"，同时LED点亮2s后自动熄灭。

（4）指纹识别模块AS608删除所有指纹方法。

第一步：将指纹识别模块AS608安装到电路板AN21上，将电路板AN21安装到Arduino Uno开发板上，用方头USB数据线将Arduino Uno开发板与计算机连接起来。在Arduino IDE编程界面中输入删除所有指纹程序，编译并将其上传到Arduino Uno开发板中。

第二步：单击菜单栏中的"工具"→"串口监视器"，设置波特率为"9600"（位于窗口右下方），设置输出格式为"NL"和"CR"（位于波特率设置处左侧），串口监视器将显示"启动删除所有指纹程序""请在串口监视器左上角输入大写字母Y，然后单击发送按钮"。

第三步：在串口监视器左上角输入大写字母Y，单击"发送"按钮。串口监视器将显示"找到指纹识别传感器""成功删除所有指纹记录"。

21.3 编程要点

（1）语句while (!Serial);表示当Serial为0时，!Serial为真，循环执行；当Serial为

1时，跳出 while 循环。换言之，当串口尚未开始通信或通信失败时，程序将在此无限循环，直到串口开始通信，跳出循环。

（2）语句 while (1) {delay(1);}表示程序在此无限循环。

21.4 程序设计

（1）程序参考。

代码一：注册指纹程序。

```
#include <Adafruit_Fingerprint.h>//定义头文件，这是指纹识别库函数文件
//指纹识别模块的 TX 端接 Arduino Uno 开发板的数字端口 5
//指纹识别模块的 RX 端接 Arduino Uno 开发板的数字端口 4
SoftwareSerial mySerial(5, 4);
//创建指纹识别对象名为 finger
Adafruit_Fingerprint finger = Adafruit_Fingerprint(&mySerial);
uint8_t id;
void setup() {
  Serial.begin(9600);//打开串口，设置数据传输速率为9600bit/s
  //当 Serial 为 0 时，!Serial 为真，循环执行；当 Serial 为 1 时，跳出 while 循环
  while (!Serial);
  delay(100);//延时 100ms
  Serial.println("启动注册指纹程序");//串口监视器显示文本并换行
  finger.begin(57600);//打开指纹识别传感器串口，设置数据传输速率为57600bit/s
  delay(5);//延时 5ms
  if (finger.verifyPassword()) {//如果指纹识别传感器存在
    Serial.println("找到指纹识别传感器");//串口监视器显示文本并换行
  } else {
    Serial.println("没有找到指纹识别传感器");//串口监视器显示文本并换行
    while (1) {//循环执行
      delay(1);//延时 1ms
    }
  }
}
uint8_t readnumber(void) {//定义读取数字函数
  uint8_t num = 0;//定义 8B 变量
  while (num == 0) {//如果 num == 0，则循环
    while (! Serial.available());//当串口缓冲区中字符个数为 0 时，跳出循环
    num = Serial.parseInt();//读取串口传入的下一个数据，把该数据给变量 num
  }
  return num;//返回变量 num 的值主函数
```

```
}
void loop() {
  Serial.println("准备注册一个新的指纹！");//串口监视器显示文本并换行
  Serial.println("请在串口监视器左上角输入数字,比如：1(或者2,最大为300),然后单击发送按钮");//串口监视器显示文本并换行
  id = readnumber();//读取数字给变量id
  if (id == 0) {//如果id == 0,则返回
    return;//返回变量p的值给主函数
  }
  while (!getFingerprintEnroll() );//当获取指纹注册数据为0时,跳出循环
}
uint8_t getFingerprintEnroll() {//定义获取指纹注册数据函数
  int p = -1;//定义整型变量p并赋值-1
  Serial.print("正在注册的指纹编号为");//串口监视器显示文本
  Serial.print(id);//串口监视器显示指纹编号
  //串口监视器显示文本并换行
  Serial.println(",请将干净的手指按压在指纹识别传感器窗口上");
  while (p != FINGERPRINT_OK) {//当 p = FINGERPRINT_OK 时跳出循环
    p = finger.getImage();//获取指纹图像给变量p
    if (p == FINGERPRINT_OK) {//如果p = FINGERPRINT_OK
      Serial.println("第1次获取指纹图像成功");//串口监视器显示文本并换行
    }
  }
  p = finger.image2Tz(1);//指纹图像1给变量p
  if (p == FINGERPRINT_OK) {//如果p = FINGERPRINT_OK
    Serial.println("第1次转换指纹图像成功");//串口监视器显示文本并换行
  }
  else {
    Serial.println("第1次转换指纹图像失败");//串口监视器显示文本并换行
    return p;//返回变量p的值给主函数
  }
  Serial.println("第1次指纹注册完成,请移走手指");
  delay(1000);//延时1000ms
  p = 0;//变量p清0
  //当 p = FINGERPRINT_NOFINGER 时,跳出循环
  while (p != FINGERPRINT_NOFINGER) {
    p = finger.getImage();//获取指纹图像给变量p
  }
  p = -1;
  Serial.println("请再次按压同样的手指,准备第2次指纹注册");
  while (p != FINGERPRINT_OK) {//当 p = FINGERPRINT_OK 时,跳出循环
```

```cpp
    p = finger.getImage();//获取指纹图像给变量 p
    if (p == FINGERPRINT_OK) {//如果 p = FINGERPRINT_OK
      Serial.println("第 2 次获取指纹图像成功");//串口监视器显示文本并换行
    }
  }
  p = finger.image2Tz(2);//指纹图像 2 给变量 p
  if (p == FINGERPRINT_OK) {//如果 p = FINGERPRINT_OK
    Serial.println("第 2 次转换指纹图像成功");//串口监视器显示文本并换行
  }
  else {
    Serial.println("第 2 次转换指纹图像失败");//串口监视器显示文本并换行
    return p;//返回变量 p 的值给主函数
  }
  p = finger.createModel();//指纹模型给变量 p
  if (p == FINGERPRINT_OK) {//如果 p = FINGERPRINT_OK
    Serial.println("前后两次指纹比对一致");//串口监视器显示文本并换行
  } else {
    Serial.print("编号为");//串口监视器显示文本
    Serial.print(id);//串口监视器显示指纹编号
    Serial.println("指纹比对出错,请再注册一遍");//串口监视器显示文本并换行
    return p;//返回变量 p 的值给主函数
  }
  Serial.print("编号为");//串口监视器显示文本
  Serial.print(id);//串口监视器显示指纹编号
  p = finger.storeModel(id);// 存储指纹模型给变量 p
  if (p == FINGERPRINT_OK) {//如果 p == FINGERPRINT_OK
    Serial.println("指纹注册成功,正常储存完毕");//串口监视器显示文本并换行
    Serial.println(" ");//串口监视器显示空文本并换行
  } else {
    Serial.println("储存失败,请再注册一遍");//串口监视器显示文本并换行
    return p;//返回变量 p 的值给主函数
  }
  return true;//返回变量 true 的值给主函数
}
```

代码二:指纹识别程序。

```cpp
#include    <LiquidCrystal.h>//定义头文件,这是 LCD1602A 库函数文件
LiquidCrystal   lcd(6, 7, 8, 9, 10, 11, 12);//设置液晶显示屏引脚接口
#include <Adafruit_Fingerprint.h>//定义头文件,这是指纹识别库函数文件
//指纹识别模块的 TX 端口接 Arduino Uno 开发板的数字端口 5
//指纹识别模块的 RX 端口接 Arduino Uno 开发板的数字端口 4
```

```cpp
SoftwareSerial mySerial(5, 4);
//创建指纹识别对象名为finger
Adafruit_Fingerprint finger = Adafruit_Fingerprint(&mySerial);
void setup() {
  pinMode(13, OUTPUT);//设置数字端口13为输出模式
  digitalWrite(13, 0);//设置数字端口13输出低电平
  lcd.begin(16, 2);//设置液晶显示屏尺寸
  lcd.clear();//清屏
  Serial.begin(9600);//打开串口,设置数据传输速率为9600bit/s
  //当Serial为0时,!Serial为真,循环执行;当Serial为1时,跳出while循环
  while (!Serial);
  delay(100);//延时100ms
  Serial.println("Fingerprint test-指纹检测");//串口监视器显示文本并换行
  lcd.setCursor(0, 0);//设置光标位置为第0列第0行
  lcd.print("Fingerprint test");//液晶显示屏显示字符"Fingerprint test"
  finger.begin(57600);//打开指纹识别传感器串口,设置数据传输速率为57600bit/s
  delay(5);
  if (finger.verifyPassword()) {//如果指纹识别传感器存在
    Serial.println("Found sensor!-找到传感器");//串口监视器显示文本并换行
    lcd.setCursor(0, 1);//设置光标位置为第0列第1行
    lcd.print("Finger press!");//液晶显示屏显示字符"Finger press!"
  } else {
    Serial.println("No sensors-没有传感器");//串口监视器显示文本并换行
    lcd.setCursor(0, 1);//设置光标位置为第0列第1行
    lcd.print("No sensors");//液晶显示屏显示字符"No sensors"
    while (1) {//循环执行
      delay(1);//延时1ms
    }
  }
  finger.getTemplateCount();//找到指纹识别传感器
  Serial.println("Finger press-按手指");//串口监视器显示文本并换行
}
void loop() {
  uint8_t p = finger.getImage();//定义8B变量p,获取指纹图像给变量p
  if (p != FINGERPRINT_OK)  return -1;//如果p != FINGERPRINT_OK,则返回-1
  p = finger.image2Tz();//指纹图像给变量p
  if (p != FINGERPRINT_OK)  return -1;//如果p != FINGERPRINT_OK,则返回-1
  p = finger.fingerFastSearch();//快速搜索指纹结果给变量p
  if (p != FINGERPRINT_OK)  return -1;//如果p != FINGERPRINT_OK,则返回-1
  Serial.print("Found ID #");//串口监视器显示文本
  Serial.println(finger.fingerID);//串口监视器显示指纹ID并换行
```

```
lcd.clear();//清屏
lcd.setCursor(0, 0);//设置光标位置为第 0 列第 0 行
lcd.print("Found ID #");//液晶显示屏显示文本
lcd.setCursor(12, 0);//设置光标位置为第 12 列第 0 行
lcd.print(finger.fingerID);//液晶显示屏显示指纹编号
digitalWrite(13, 1);//设置数字端口 13 输出高电平
delay(2000);//延时 2000ms
digitalWrite(13, 0);//设置数字端口 13 输出低电平
return finger.fingerID;//返回
delay(50);//延时 50ms
}
```

代码三：删除指纹程序。

```
#include <Adafruit_Fingerprint.h>//定义头文件，这是指纹识别库函数文件
//指纹识别模块的 TX 端接 Arduino Uno 开发板的数字端口 5
//指纹识别模块的 RX 端接 Arduino Uno 开发板的数字端口 4
SoftwareSerial mySerial(5, 4);
//创建指纹识别对象名为 finger
Adafruit_Fingerprint finger = Adafruit_Fingerprint(&mySerial);
void setup() {
  Serial.begin(9600);//打开串口，设置数据传输速率为 9600bit/s
  //当 Serial 为 0 时，!Serial 为真，循环执行；当 Serial 为 1 时，跳出 while 循环
  while (!Serial);
  delay(100);//延时 100ms
  Serial.println("启动删除指纹程序");//串口监视器显示文本并换行
  finger.begin(57600);//打开指纹识别传感器串口，设置数据传输速率为 57600bit/s
  delay(5);//延时 5ms
  if (finger.verifyPassword()) {//如果指纹识别传感器存在
    Serial.println("找到指纹识别传感器");//串口监视器显示文本并换行
  } else {
    Serial.println("没有找到指纹识别传感器");//串口监视器显示文本并换行
    while (1) {//循环执行
      delay(1);//延时 1ms
    }
  }
}
uint8_t readnumber(void) {//定义读取数字函数
  uint8_t num = 0;//定义 8B 变量
  while (num == 0) {//如果 num == 0，则循环
    while (! Serial.available());//当串口缓冲区中字符个数为 0 时，跳出循环
    num = Serial.parseInt();//读取串口传入的下一个数据，把该数据给变量 num
```

```
    return num;//返回变量 num 的值主函数
  }
void loop() {
  Serial.println("准备删除一个指纹！");//串口监视器显示文本并换行
  Serial.println("请在串口监视器左上角输入数字,比如：1(或者2,最大为300),然后单击发送按钮");//串口监视器显示文本并换行
  uint8_t id = readnumber();//读取数字给变量 id
  if (id == 0) {//如果 id == 0,则返回
    return;//返回变量 p 的值给主函数
  }
  Serial.print("指纹编号");
  Serial.print(id);
  deleteFingerprint(id);
}
uint8_t deleteFingerprint(uint8_t id)  {//定义获取指纹注册数据函数
  uint8_t p = -1;//定义整型变量 p 并赋值-1
  p = finger.deleteModel(id);
  if (p == FINGERPRINT_OK) {
    Serial.println("删除成功!");
    Serial.println("");
  }
}
```

代码四：删除所有指纹程序。

```
#include <Adafruit_Fingerprint.h>//定义头文件,这是指纹识别库函数文件
//指纹模块的 TX 端接 Arduino Uno 开发板的数字端口 5
//指纹模块的 RX 端接 Arduino Uno 开发板的数字端口 4
SoftwareSerial mySerial(5, 4);
//创建指纹识别对象名为 finger
Adafruit_Fingerprint finger = Adafruit_Fingerprint(&mySerial);
void setup() {
  Serial.begin(9600);//打开串口,设置数据传输速率为 9600bit/s
  //当 Serial 为 0 时,!Serial 为真,循环执行；当 Serial 为 1 时,跳出 while 循环
  while (!Serial);
  delay(100);//延时 100ms
  Serial.println("启动删除所有指纹程序");//串口监视器显示文本并换行
  //串口监视器显示文本并换行
  Serial.println("请在串口监视器左上角输入大写字母Y,然后单击发送按钮");
  while (1) {
    if (Serial.available() && (Serial.read() == 'Y')) {
```

```
      break;
    }
  }
  finger.begin(57600);//打开指纹识别传感器串口,设置数据传输速率为 57600bit/s
  if (finger.verifyPassword()) {//如果指纹识别传感器存在
    Serial.println("找到指纹识别传感器");//串口监视器显示文本并换行
  } else {
    Serial.println("没有找到指纹识别传感器");//串口监视器显示文本并换行
    while (1) {//循环执行
      delay(1);//延时 1ms
    }
  }
  finger.emptyDatabase();
  Serial.println("成功删除所有指纹记录");
  Serial.println("");
}
void loop() {
}
```

（2）实验结果

将电路板 AN21 安装到 Arduino Uno 开发板上，并接通电源，将代码一上传到该开发板内，可注册新的指纹。请注意：如果模块内已注册过指纹，则最好先删除所有指纹记录，再注册新的指纹。将代码二上传到该开发板内，可识别已注册的指纹，LED 自动点亮 2s 后熄灭。将代码三上传到该开发板内，可删除已存储的指纹记录。将代码四上传到该开发板内，可删除所有指纹记录。

21.5 拓展与挑战

注册不少于 10 枚指纹，识别已注册的指纹，LED 自动点亮 0.1s 后熄灭，熄灭 0.1s 后再点亮，点亮 0.1s 后再熄灭，最后删除所有指纹记录。

实验 22 颜色识别器

在日常生活中，人们常用眼睛识别物体颜色。在工业生产中，人们常用颜色识别传感器识别物体颜色，其工作原理是在光电二极管上覆盖红、绿、蓝滤波器。在识别物体颜色时，这三种滤波器分时工作（划分时间段工作），当红色滤波器工作时通过红光，当绿色滤波器工作时通过绿光，当蓝色滤波器工作时通过蓝光，分别测出红光、绿光、蓝光频率值（或脉宽值），最后将它们转换成 RGB 值，即被测物体颜色。由于受环境光线的照度、温度等影响，颜色识别传感器测试结果与实际颜色可能会有较大差异。

颜色识别器是运用颜色识别传感器模块检测物体表面的 RGB 值以测定物体颜色的仪器。

22.1 实验描述

运用 Arduino Uno 开发板编程控制颜色识别传感器模块 TCS3200 和七彩发光环模块 WS2812-8 识别并显示物体颜色。颜色识别器电原理图、电路板图、实物图、流程图如图 22.1 所示。

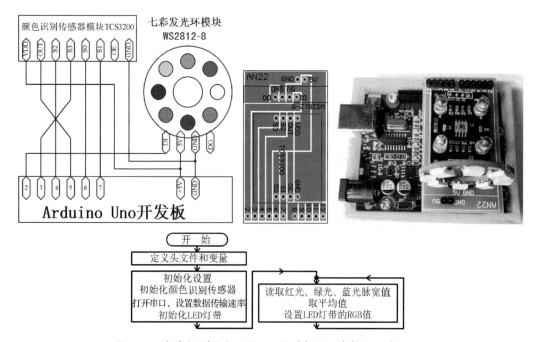

图 22.1 颜色识别器电原理图、电路板图、实物图、流程图

22.2 知识要点

（1）颜色识别传感器模块 TCS3200。

颜色识别传感器模块 TCS3200，俗称颜色检测器，安装了一个 8 引脚 SOIC 表面贴装式封装的芯片和 4 个白色 LED，芯片上集成了 64 个光电二极管，其中 16 个光电二极管带红色滤波器，16 个光电二极管带绿色滤波器，16 个光电二极管带蓝色滤波器，16 个光电二极管不带任何滤波器，芯片的 8 个引脚分别是 S0、S1、OE、GND、VDD、OUT、S2、S3。其中，S0、S1 为输出频率缩放选择引脚，S2、S3 为滤波器类型选择引脚，如表 22.1 所示。OUT 为输出频率端（输出频率 fo=2Hz～500kHz），OE 为启用输出频率端（低电平有效），VDD 接电源正极，GND 接电源负极。

表 22.1 引脚功能设置表

S0 电平	S1 电平	OUT 输出比例因子	S2 电平	S3 电平	开启滤波器
0	0	输出引脚断开	0	0	红色滤波器
0	1	2%	0	1	蓝色滤波器
1	0	20%	1	0	无滤波器
1	1	100%	1	1	绿色滤波器

OUT 输出比例因子是 OUT 引脚输出信号频率与其内置振荡器频率的比率。

颜色识别传感器模块 TCS3200 的外形尺寸为 31mm×24mm，工作电压为 2.7～5.5V，带有 VDD、OUT、S2、S3、S0、S1、OE、GND 共 8 个端口，可用于彩色打印、医疗诊断、计算机彩色监视器校准，以及油漆、纺织品、化妆品和印刷材料的过程控制等。

（2）查看 RGB 值对应的颜色。

第一步：打开 Windows 自带的画图软件，单击菜单栏中的"颜色"→"编辑颜色"。

第二步：自定义颜色。

第三步：输入 RGB 值即可看到对应的颜色，如图 22.2 所示。

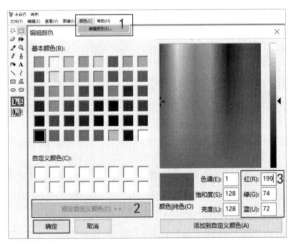

图 22.2 查看 RGB 值对应的颜色

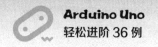

22.3 编程要点

（1）语句 Rwid = pulseIn(Out, LOW);表示读取颜色识别传感器模块 TCS3200OUT 引脚输出信号脉宽值。当该模块 OUT 引脚输出信号为低电平时开始计时，待引脚输出信号变为高电平时停止计时，返回脉冲的长度，单位为 ms。

语法：pulseIn(pin, value)。

参数：pin 为脉冲引脚（int）；value 为脉冲类型，HIGH 或 LOW（int）。

（2）语句 num = num + 1; Redtot = Redtot + Rwid; if (num >= 500) { Rwid = Redtot / 500; num = 0;}表示红光脉宽累加值 Redtot 累加 500 次，然后取平均值。

多次测量求平均值是有效减小测量偶然误差最常用的方法，从实际应用效果上看，前后测量结果比较一致。

（3）语句 R = map(Rwid, 64, 22, 0, 255);表示将红光脉宽值 Rwid 转换为 RGB 模式中对应的红色分量值。

在实际应用时，map()函数参数 2 修改为测试黑纸时串口监视器上显示的 Rwid 值，参数 3 修改为测试白纸时串口监视器上显示的 Rwid 值。

map()函数的主要功能为将变化范围为 A 的变量 t 等比例转换为变化范围为 B 的变量 x。

语法：x = map(t,fromMAX,fromMIN,toMAX,forMIN);。

参数 x 和 t 为同类型变量，formMAX 与 fromMIN 为 t 变量变化的上界与下界，toMAX 与 toMIN 为 x 变量变化的上界与下界。

（4）语句 Serial.println(B,0);表示打印被测物体的 RGB 值对应的蓝色分量值，保留 0 位小数。

（5）语句 strip.setPixelColor(i, R - 10, G - 10, B - 10);表示设置七彩发光环的 RGB 值，从理论上讲，白色的 RGB 值为(255,255,255)，黑色的 RGB 值为(0,0,0)。在实际应用时，检测物体的 RGB 值经常出现大于 255 的情况，因此在设置七彩发光环的 RGB 值时，将 RGB 值的各分量值都减去 10，以避免颜色显示异常。

22.4 程序设计

（1）参考程序。

```
#include <Adafruit_NeoPixel.h>//定义头文件，这是 WS2812-8 库函数文件
#define  led_numbers 8//定义智能控制 LED 光源数量
#define  PIN 2//定义智能控制 LED 光源控制引脚为数字端口 2
#define  S0  6//颜色识别传感器模块的 S0 引脚接 Arduino Uno 开发板的数字端口 6
#define  S1  7//颜色识别传感器模块的 S1 引脚接 Arduino Uno 开发板的数字端口 7
```

实验22 颜色识别器

```
#define  S2   4//颜色识别传感器模块的S2引脚接Arduino Uno开发板的数字端口4
#define  S3   3//颜色识别传感器模块的S3引脚接Arduino Uno开发板的数字端口3
#define  Out  5//颜色识别传感器模块的OUT引脚接Arduino Uno开发板的数字端口5
float   Rwid, Gwid, Bwid;//定义浮点变量(带小数点)红光、绿光、蓝光脉宽值
float   R, G, B;//定义浮点变量(带小数点)RGB值
int    num;//定义整型变量num,用于记录累加次数
float   Redtot, Greentot, Bluetot;//红光、绿光、蓝光脉宽累加值
//NEO_GRB + NEO_KHZ800为像素类型标志
//NEO_KHZ800是大多数LED灯带驱动类型
//NEO_GRB是大多数LED灯带像素显示类型
Adafruit_NeoPixel strip = Adafruit_NeoPixel(led_numbers, PIN, NEO_GRB + NEO_KHZ800);
void setup() {
  pinMode(S0, OUTPUT);//设置S0引脚为输出模式
  pinMode(S1, OUTPUT);//设置S1引脚为输出模式
  pinMode(S2, OUTPUT);//设置S2引脚为输出模式
  pinMode(S3, OUTPUT);//设置S3引脚为输出模式
  pinMode(Out, INPUT);//设置OUT引脚为输入模式
  digitalWrite(S0, 1);
  digitalWrite(S1, 1);//设置颜色识别传感器输出信号频率为内置振荡器频率的100%
  Serial.begin(9600);//打开串口,设置数据传输速率为9600bit/s
  pinMode(2, OUTPUT);//设置数字端口2为输出模式
  strip.begin();//初始化LED灯带
  strip.setBrightness(50);//设置亮度值为最大值(255)的约1/5
}
void loop() {
  num = num + 1;//累加次数加1
  digitalWrite(S2, LOW);
  digitalWrite(S3, LOW);//选择红色滤波器
  Rwid = pulseIn(Out, LOW);//读取红光脉宽值
  delay(1);//延时1ms
  digitalWrite(S2, HIGH);
  digitalWrite(S3, HIGH);//选择绿色滤波器
  Gwid = pulseIn(Out, LOW);//读取绿光脉宽值
  delay(1);//延时1ms
  digitalWrite(S2, LOW);
  digitalWrite(S3, HIGH);//选择蓝色滤波器
  Bwid = pulseIn(Out, LOW);//读取蓝光脉宽值
  delay(1);//延时1ms
  Redtot = Redtot + Rwid;//红光脉宽累加值
  Greentot = Greentot + Gwid;//绿光脉宽累加值
```

```
      Bluetot = Bluetot + Bwid;//蓝光脉宽累加值
      if (num >= 500) {
        Rwid = Redtot / 500;//红光脉宽平均值
        Gwid = Greentot / 500;//绿光脉宽平均值
        Bwid = Bluetot / 500;//蓝光脉宽平均值
        Serial.print("Rwid= ");
        Serial.print(Rwid, 0);
        Serial.print(",Gwid=");
        Serial.print(Gwid, 0);
        Serial.print(",Bwid= ");
        Serial.println(Bwid, 0);// 串口监视器显示红光、绿光、蓝光脉宽平均值
        //红光、绿光、蓝光脉宽值转换为RGB值
        //map（）函数参数2修改为测试黑纸时串口监视器上显示的Rwid值。
        //map（）函数参数3修改为测试白纸时串口监视器上显示的Rwid值。
        R = map(Rwid, 64, 22, 0, 255);
        //map（）函数参数2修改为测试黑纸时串口监视器上显示的Gwid值。
        //map（）函数参数3修改为测试白纸时串口监视器上显示的Gwid值。
        G = map(Gwid, 70, 23, 0, 255);
        //map（）函数参数2修改为测试黑纸时串口监视器上显示的Bwid值。
        //map（）函数参数3修改为测试白纸时串口监视器上显示的Bwid值。
        B = map(Bwid, 49, 17, 0, 255);
        Serial.print("R= ");
        Serial.print(R,0);
        Serial.print(",G= ");
        Serial.print(G,0);
        Serial.print(",B= ");
        Serial.println(B,0);//串口监视器显示被测物体的RGB值
        for (int i = 0; i < 8; i++) {
          strip.setPixelColor(i, R - 10, G - 10, B - 10);//设置七彩发光环的RGB值
          strip.show();//点亮LED灯带
        }
        num = 0;//累加次数清0
        Redtot = 0;//红光脉宽累加值清0
        Greentot = 0;//绿光脉宽累加值清0
        Bluetot = 0;//蓝光脉宽累加值清0
      }
    }
```

（2）实验结果。

代码上传成功后，将电路板AN22安装到Arduino Uno开发板上，并接通电源。单击菜单栏中的"工具"→"串口监视器"，设置波特率为"9600"（位于窗口右下方），设

置输出格式为"NL"和"CR"(位于波特率设置处左侧),串口监视器将显示红光、绿光、蓝光脉宽值,以及 RGB 值,将颜色识别传感器模块 TCS3200 竖直放置(固定不动),在其前方约 10cm 处竖直放置一张白纸,2~3s 后用笔在纸上记录串口监视器上显示的 Rwid 值、Gwid 值、Bwid 值;在其前方约 10cm 处竖直放置一张黑纸,2~3s 后用笔在纸上记录串口监视器上显示的 Rwid 值、Gwid 值、Bwid 值,修改参考程序中的相应语句如下。

```
//map( ) 函数参数 2 修改为测试黑纸时串口监视器上显示的 Rwid 值
//map( ) 函数参数 3 修改为测试白纸时串口监视器上显示的 Rwid 值
R = map(Rwid, 参数 2, 参数 3, 0, 255);
//map( ) 函数参数 2 修改为测试黑纸时串口监视器上显示的 Gwid 值
//map( ) 函数参数 3 修改为测试白纸时串口监视器上显示的 Gwid 值
G = map(Gwid, 参数 2, 参数 3, 0, 255);
//map( ) 函数参数 2 修改为测试黑纸时串口监视器上显示的 Bwid 值
//map( ) 函数参数 3 修改为测试白纸时串口监视器上显示的 Bwid 值
B = map(Bwid, 参数 2, 参数 3, 0, 255);
```

将修改后的参考程序再次上传到开发板内,单击菜单栏中的"工具"→"串口监视器",在颜色识别传感器模块 TCS3200 前方约 10cm 处竖直放置一张白纸,串口监视器将显示"R=255,G=255,B=255"(偏差为 10,属正常),这是白色的 RGB 值,七彩发光环发白光;在其前方约 10cm 处竖直放置一张黑纸,串口监视器将显示"R=0,G=0,B=0"(偏差为 10,属正常),这是黑色的 RGB 值,七彩发光环发微亮光;在其前方约 10cm 处竖直放置其他颜色的物体,串口监视器将显示该物体的 RGB 值,七彩发光环将显示该物体的颜色。

特别说明:在上述操作过程中,颜色识别传感器模块 TCS3200 保持竖直放置状态且固定不动,被测物体到模块距离始终是 10cm。如果模块位置有变动或测试距离有变化,那么需要重新测试白纸、黑纸的参数值(共 6 个),并修改程序中 map( ) 函数的参数,将修改后的参考程序再次上传到开发板内,才能进行颜色检测。如果模块位置没有变动,测试距离也没有变化,但测试结果明显异常,则只需重新启动开发板或将参考程序再次上传到开发板内即可。

22.5 拓展与挑战

如果 R>125,G<125,B<125,则七彩发光环点亮红色(255,0,0)。
如果 R<125,G>125,B<125,则七彩发光环点亮绿色(0,255,0)。
如果 R<125,G<125,B>125,则七彩发光环点亮蓝色(0,0,255)。
如果 R>125,G>125,B<125,则七彩发光环点亮黄色(255,255,0)。
如果 R<125,G>125,B>125,则七彩发光环点亮青色(0,255,255)。

如果R>125,G<125,B>125，则七彩发光环点亮紫色(255,0,255)。

如果R<125,G<125,B<125，则七彩发光环点亮黑色(0,0,0)，即不发光。

提示1：

```
if (R > 125){R=255;}else{R=0;}
    if (G > 125){G=255;}else{G=0;}
    if (B > 125){B=255;}else{B=0;}
    for (int i = 0; i < 8; i++) {
    strip.setPixelColor(i, R, G, B);//设置七彩发光环的RGB值
    strip.show();//点亮LED灯带
    }
```

提示2：

将累加次数由500次改为50次，检测速度将加快10倍。

实验 23　射频卡开灯

射频（Radio Frequency）是一种具有远距离传输能力的高频电磁波，频率范围为 300kHz～30GHz，广泛应用于无线通信领域。

射频卡，俗称电子标签，是一种基于射频识别技术的卡片，内置耦合元件和芯片，具有唯一的电子编码，电子编码可被射频阅读器（又叫读写器）非接触识别，芯片内存储的数据可被射频阅读器近距离读出或写入。常见的射频卡有二代居民身份证、小区门禁卡等。

射频卡开灯是一款基于射频识别技术运用射频卡开启灯的电子装置。

射频识别（Radio Frequency Identification，RFID）是一种通过无线电信号识别特定目标并读写相关数据的通信技术。这种技术不需要识别系统与目标系统之间进行机械接触或光学接触，具有体积小型化、形状多样化、扫描速度快、可批量扫描、抗污染性强、可重复使用、穿透性通信、无屏障阅读、记忆容量大、加密性能好等优点，广泛应用于小区安防系统、图书馆管理系统、超市商品管理系统、汽车收费管理系统等。

23.1　实验描述

运用 Arduino Uno 开发板编程控制射频识别模块 RFID-RC522 用已登记过的射频卡开灯。射频卡开灯电原理图、电路板图、实物图、流程图如图 23.1 所示。

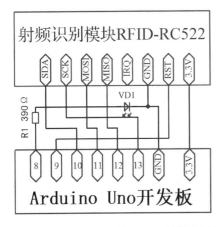
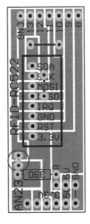

图 23.1　射频卡开灯电原理图、电路板图、实物图、流程图

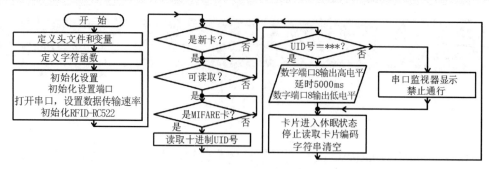

图 23.1　射频卡开灯电原理图、电路板图、实物图、流程图（续）

23.2　知识要点

（1）射频识别系统。

射频识别系统一般由射频阅读器、射频卡（电子标签）、应用软件三部分组成。射频阅读器发射特定频率的无线电磁波，射频卡获得能量后发送存储在芯片内的数据信息，射频阅读器接收、解读数据信息，并传输给应用软件处理。射频卡按应用频率可分为低频（LF）（频率在 135kHz 以下）射频卡、高频（HF）（频率为 13.56MHz）射频卡、超高频（UHF）（频率为 860M～960MHz）射频卡、微波（MW）（频率为 2.4GHz、5.8GHz）射频卡，按能源供给方式可分为无源射频卡、有源射频卡及半有源射频卡。无源射频卡读写距离近、价格低，如二代居民身份证、宠物标签卡、公交卡、食堂餐卡、银行卡、宾馆门禁卡等均为无源射频卡。

（2）射频识别模块 RFID-RC522。

射频识别模块 RFID-RC522 是一种只能读取 13.56MHz 高频电子标签的阅读器，设置了 SDA（串行数据端）、SCK（时钟信号端）、MOSI（接收端）、MISO（发送端）、IRQ（中断请求输出端）、GND（接地端）、RST（复位端，低电平复位）、3.3V（电源端）共 8 个端口，与 Arduino Uno 开发板的通信方式为四线制 SPI（同步串行外设接口总线）通信，通信速率为 10 Mbit/s。Arduino Uno 开发板工作在主模式下。RFID-RC522 工作在从模式下。该模块可识别 Mifare1 S50、Mifare1 S70、Mifare Ultralight、Mifare Pro、Mifare Desfire 射频卡，晶振频率为 27.12MHz，工作电压为 3.3V，工作电流为 13～26mA，休眠电流小于 80μA，外形尺寸为 40mm×60mm。

（3）S50 感应式 IC 卡。

S50 感应式 IC 卡是指采用飞利浦（NXP）原装的 Mifare1 S50 芯片制作而成的感应式 IC 卡。标准卡为矩形薄片，外形尺寸为 85.6mm×54mm×0.82mm；非标准卡的外形尺寸各式各样，如呈钥匙扣形。卡片类型为 Mifare1 S50，存储容量为 8Kbit，有 16 个分区，每个区有独立的密码，每张卡片有唯一的 32 位序列号，卡片具有防冲突机制，支持多卡操作，工作频率为 13.56MHz，通信速率为 106KBd（Bd 中文名为波特，是通信速率的单位。在二进制情况下,106KBd = 106Kbit/s,bit 中文名为比特,是信息的最小单位,1bit 是二进制数的一位包含的信息量,只有 0 和 1 两种状态),读写距离为 2.5～10cm,读写时间为 1～2ms,擦写次数大于 100 000 次,数据保存时间大于 10 年,可用作企业/校园一卡通、公交储值卡,还可用于高速公路收费、停车场、小区管理等场景。

(4)射频识别编程思路。

第一步:RFID-RC522 初始化,射频阅读器使用 PCD(接近式耦合设备)命令控制 RFID-RC522 发出 PICC(接近式卡)命令与射频卡进行交互。

第二步:寻找新卡,验证卡片类型。

第三步:防冲突选卡,如果有多张射频卡放在射频阅读器附近,射频阅读器启用防冲突函数,根据射频卡的电子编码选定其中一张卡片进行数据通信,其他卡片处于等待状态,数据通信完毕,将卡片的电子编码 NUID 以 4B 保存到 nuidPICC 数组中。

第四步:选卡成功后,编程控制目标对象。例如,运用已登记过的射频卡开灯。

23.3 编程要点

(1)语句 if (refid1 == "12212356180"|| refid1 == "15623201544") {语句 1;}表示如果字符串变量 refid1 == "12212356180"或 refid1 == "15623201544",那么执行语句 1。"12212356180"和"15623201544"是射频卡的十进制 UID 号,射频卡的十进制 UID 号获得方法是将参考程序上传到 Arduino Uno 开发板上,打开 Arduino IDE 软件界面菜单栏中的"工具"→"串口监视器",在 RFID-RC522 模块上刷卡,串口监视器将显示射频卡的十进制 UID 号。登记新射频卡的十进制 UID 号的方法是修改参考程序中的"12212356180"为新射频卡的十进制 UID 号。

(2)语句 if (buffer[i] < 0x10) {refid1 = refid1 + "0";refid1 += nuidPICC[i];}else {refid1 += nuidPICC[i];}表示如果读取数据小于 10,那么补充字符 0,然后记录数据到字符型变量 refid1 中。

23.4 程序设计

(1)参考程序。

```
#include <SPI.h>//定义头文件 SPI.h,这是串行外围设备接口库函数文件
#include <MFRC522.h>//定义头文件 MFRC522.h,这是非接触式读写卡芯片专用库函数文件
String refid1 = "";//声明空的字符串
MFRC522 rfid(10, 9);//创建实例 rfid
byte nuidPICC[4];//定义字节型数组
void setup() {
  pinMode(8, OUTPUT);//设置数字端口 8 为输出模式
```

```cpp
  Serial.begin(9600);//打开串口,设置数据传输速率为 9600bit/s
  SPI.begin();//开启 SPI 总线
  rfid.PCD_Init();//初始化 RFID-RC522
}
void loop() {//寻找新卡
  if ( ! rfid.PICC_IsNewCardPresent())//如果不是新卡就返回
    return;
  if ( ! rfid.PICC_ReadCardSerial())//如果卡片不可读取就返回
    return;
  MFRC522::PICC_Type piccType = rfid.PICC_GetType(rfid.uid.sak);
  if (piccType != MFRC522::PICC_TYPE_MIFARE_MINI &&
      piccType != MFRC522::PICC_TYPE_MIFARE_1K &&
      piccType != MFRC522::PICC_TYPE_MIFARE_4K) {
    Serial.println("不支持读取此卡类型");//如果不是 MIFARE 卡类型就返回
    return;
  }
  //将 NUID 以 4B 保存到 nuidPICC 数组中
  for (byte i = 0; i < 4; i++) {
    nuidPICC[i] = rfid.uid.uidByte[i];
  }
  Serial.print("十进制 UID 号: ");//串口监视器显示文本"十进制 UID 号:"
  printDec(rfid.uid.uidByte, rfid.uid.size);
  if (refid1 == "12212356180"//手动设置卡号,如果相等
      refid1 == "15623201544"
    ) {
    Serial.println("通过");//串口监视器显示文本并换行
    digitalWrite(8, 1);//数字端口 8 输出高电平
    delay(5000);//延时 5000ms
    digitalWrite(8, 0);//数字端口 8 输出低电平
  }
  else  {
    Serial.println("禁止通行");//串口监视器显示文本并换行
  }
  rfid.PICC_HaltA();//卡片进入休眠状态
  rfid.PCD_StopCrypto1();//停止读取卡片信息编码
  refid1 = "";//字符串清空
}
void printDec(byte *buffer, byte bufferSize) {
  for (byte i = 0; i < bufferSize; i++) {
    Serial.print(buffer[i] < 0x10 ? "0" : "");
    Serial.print(buffer[i], DEC);
```

```
    if (buffer[i] < 0x10) {
      refid1 = refid1 + "0";//如果数据小于10，那么补充字符0
      refid1 += nuidPICC[i];//相当于refid1=refid1+nuidPICC[i]
    }
    else {
      refid1 += nuidPICC[i];
    }
  }
  Serial.println("");//换行
}
```

（2）实验结果。

代码上传成功后，将电路板 AN23 安装到 Arduino Uno 开发板上，并接通电源。打开 Arduino IDE 软件界面菜单栏中的"工具"→"串口监视器"，在 RFID-RC522 模块上刷卡号为"12212356180"或"15623201544"的射频卡，电路板上的指示灯将点亮 5s 后熄灭，串口监视器显示射频卡的十进制 UID 号及"通过"字样。如果刷未登记过的射频卡，则电路板上的指示灯不亮，串口监视器显示射频卡的十进制 UID 号及"禁止通行"字样，登记新射频卡的十进制 UID 号的方法是修改参考程序中"12212356180"为新射频卡的十进制 UID 号。

23.5 拓展与挑战

运用 Arduino Uno 开发板编程控制 RFID-RC522 模块和 SG90 舵机，在 RFID-RC522 模块上刷卡号为"7409159173"或"012322944"或其他登记过的射频卡，SG90 舵机转动 90°，5s 后复位。

提示：

将 SG90 舵机橙色、红色、棕色导线分别连接到电路板 AN23 上的 8V、5V、GND 排针上，在参考程序 void setup()之前增加如下语句。

```
#include <Servo.h>//定义头文件，这是舵机控制库函数文件
Servo servo8;//定义舵机变量名servo8
```

在参考程序 void setup()中增加如下语句。

```
servo8.attach(8);//设置舵机接口为数字端口8
servo8.write(0);//设置舵机旋转的角度为0°
```

在参考程序 void loop()中增加如下语句。

```
Servo8.write(90);//设置舵机旋转的角度为90°
delay(5000);//延时5000ms
Servo8.write(0);//设置舵机旋转的角度为0°
```

实验 24　手势调光灯

在日常生活中，LED 由于具有非常出色的调光性能，因此受到越来越多的人喜欢，人们设计出许多既实用又新颖的调光装置，如手势调光灯。手势调光灯是一款基于手势识别传感器设计而成的 LED 调光装置，其特点是可运用手势动作调节 LED 的颜色、亮度，以及开灯和关灯。

24.1　实验描述

运用 Arduino Uno 开发板编程控制手势识别传感器模块 PAJ7620U2 和七彩发光环模块 WS2812-8 实现手势调光灯功能。手势调光灯电原理图、电路板图、实物图、流程图如图 24.1 所示。

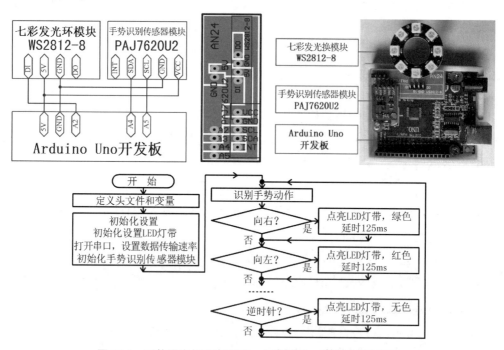

图 24.1　手势调光灯电原理图、电路板图、实物图、流程图

24.2　知识要点

（1）手势识别传感器模块 PAJ7620U2。

实验 24　手势调光灯

手势识别传感器模块 PAJ7620U2 是一款光学数组式传感器，内置红外 LED 和光学镜头，能在低光和黑暗环境下工作，可识别上、下、左、右、向前、向后、顺时针、逆时针及摇摆共 9 种手势动作。该模块采用 I²C 协议通信，通信速率为 400Kbit/s，突出优点是不需要按键，可实现非接触式控制，能在低光和黑暗环境下识别 9 种手势动作，可应用于通过手势方式控制灯光、门窗、窗帘、电视机、计算机、手机、智能车、机器人、手势玩具、体感游戏装备等。

手势识别传感器模块 PAJ7620U2 设置了 VCC（电源正极）、GND（电源地）、SDA（I²C 数据端口）、SCL（I²C 时钟端口）、INT（外部中断）共 5 个端口，工作电压为 3.3～5V，工作电流为 3～10mA，能识别的手势速度为 60°/s～600°/s（正常模式）、60°/s～1200°/s（游戏模式），识别距离为 5～15cm，环境光免疫力小于 100klx，外形尺寸为 15mm×20mm。

24.3　编程要点

（1）语句 paj7620ReadReg(0x43, 1, &data);表示识别手势动作并设置变量 data 的值。

向上手势，变量 data==GES_UP_FLAG，注册地址为 0x43。

向下手势，变量 data==GES_DOWN_FLAG，注册地址为 0x43。

向左手势，变量 data==GES_LEFT_FLAG，注册地址为 0x43。

向右手势，变量 data==GES_RIGHT_FLAG，注册地址为 0x43。

向前手势，变量 data==GES_FORWARD_FLAG，注册地址为 0x43。

向后手势，变量 data==GES_BACKWARD_FLAG，注册地址为 0x43。

顺时针手势，变量 data==GES_CLOCKWISE_FLAG，注册地址为 0x43。

逆时针手势，变量 data==GES_COUNT_CLOCKWISE_FLAG，注册地址为 0x43。

摇摆手势，变量 data==GES_WAVE_FLAG，注册地址为 0x43。

（2）语句 switch case 是多分支选择语句，常用于选择分支多于 3 个的情况，语法如下。

```
switch (表达式){
    case 常量表达式 1: 语句 1;
    case 常量表达式 2: 语句 2;
        ……
    case 常量表达式 n: 语句 n;
    default:语句 n+1;
}
```

① 常量表达式必须是整数类型，可以是 int 型变量、char 型变量，也可以是整数（包括负数）、字符常量，不可以是 float 型变量、double 型变量、小数常量。

② 如果 switch 后面括号内 "表达式" 的值等于 case 后面的常量表达式 1，就执行语

句 1，然后比较下一个 case 后面的常量表达式。如果想执行完这一个 case 语句就跳出 switch 语句，则必须在 case 语句后加上 break 语句。

③ 如果 switch 后面括号内"表达式"的值与 case 后面的常量表达式都不相等，就执行 default 语句，default 是"默认"的意思，其后面可以不加 break 语句，执行完后，程序将退出 switch 语句。

④ case 后面的常量表达式的值必须互不相同。

⑤ default 语句可以不要，如果加上 default 语句，则 default 后面的语句 n+1 可以不写，但 default 语句后面一定要加冒号和分号。

24.4 程序设计

（1）参考程序。

```
#include <Wire.h>//定义头文件 Wire.h，这是 I²C 通信库函数文件
#include "paj7620.h"//定义头文件 paj7620.h，这是 PAJ7620 库函数文件
#include <Adafruit_NeoPixel.h>//定义头文件，这是 WS2812 库函数文件
//参数1表示智能控制 LED 光源数量为8个，参数2表示输入端连接 Arduino Uno 开发板的 A2 端口
Adafruit_NeoPixel strip = Adafruit_NeoPixel(8, A2, NEO_GRB + NEO_KHZ800);
void setup() {
  uint8_t error = 0;//定义无符号8位整型变量 error，初始化赋值为 0
  strip.begin();//初始化设置 LED 灯带
  strip.setBrightness(50);//设置亮度值为最大值（255）的约 1/5
  Serial.begin(9600);//打开串口，设置数据传输速率为 9600bit/s
  error = paj7620Init();//初始化手势识别传感器模块 PAJ7620
}
void loop() {
  //定义无符号8位整型变量 data、data1、error
  uint8_t data = 0, data1 = 0, error;
  error = paj7620ReadReg(0x43, 1, &data);//识别手势动作并设置变量 data 的值
  if (!error)   {
    switch (data)  {
      case GES_RIGHT_FLAG://如果 data==GES_RIGHT_FLAG
        paj7620ReadReg(0x43, 1, &data);
        Serial.println("Right-绿灯");//串口监视器显示文本并换行
        for (int i = 0; i < 8; i++) {
          strip.setPixelColor(i, 0, 255, 0);//绿色
          strip.show();//点亮 LED 灯带
          delay(125);//延时 125ms
        }
```

```cpp
      break;
    case GES_LEFT_FLAG://如果data==GES_LEFT_FLAG
      paj7620ReadReg(0x43, 1, &data);
      Serial.println("Left-红灯");//串口监视器显示文本并换行
      for (int i = 0; i < 8; i++) {
        strip.setPixelColor(i, 255, 0, 0);//红色
        strip.show();//点亮LED灯带
        delay(125);//延时125ms
      }
      break;
    case GES_UP_FLAG://如果data==GES_UP_FLAG
      paj7620ReadReg(0x43, 1, &data);
      Serial.println("Up-蓝灯");//串口监视器显示文本并换行
      for (int i = 0; i < 8; i++) {
        strip.setPixelColor(i, 0, 0, 255);//蓝色
        strip.show();//点亮LED灯带
        delay(125);//延时125ms
      }
      break;
    case GES_DOWN_FLAG://如果data==GES_DOWN_FLAG
      paj7620ReadReg(0x43, 1, &data);
      Serial.println("Down-白灯");//串口监视器显示文本并换行
      for (int i = 0; i < 8; i++) {
        strip.setPixelColor(i, 255, 255, 255);//白色
        strip.show();//点亮LED灯带
        delay(125);//延时125ms
      }
      break;
    case GES_FORWARD_FLAG://如果data==GES_FORWARD_FLAG
      Serial.println("Forward-青灯");//串口监视器显示文本并换行
      for (int i = 0; i < 8; i++) {
        strip.setPixelColor(i, 0, 255, 255);//青色
        strip.show();//点亮LED灯带
        delay(125);//延时125ms
      }
      break;
    case GES_BACKWARD_FLAG://如果data==GES_BACKWARD_FLAG
      Serial.println("Backward-紫灯");//串口监视器显示文本并换行
      for (int i = 0; i < 8; i++) {
        strip.setPixelColor(i, 255, 0, 255);//紫色
        strip.show();//点亮LED灯带
```

```
      delay(125);//延时125ms
    }
    break;
  case GES_CLOCKWISE_FLAG://如果 data==ES_CLOCKWISE_FLAG
    Serial.println("Clockwise-关 4 灯");//串口监视器显示文本并换行
    for (int i = 0; i < 8; i += 2) {
      strip.setPixelColor(i, 0, 0, 0);//无色
      strip.show();//点亮 LED 灯带
      delay(125);//延时125ms
    }
    break;
  case GES_COUNT_CLOCKWISE_FLAG://如果 data==GES_COUNT_CLOCKWISE_FLAG
    Serial.println("anti-clockwise-关 8 灯");//串口监视器显示文本并换行
    for (int i = 0; i < 8; i++) {
      strip.setPixelColor(i, 0, 0, 0);//无色
      strip.show();//点亮 LED 灯带
      delay(125);//延时125ms
    }
    break;
  default:
    paj7620ReadReg(0x44, 1, &data1);
    if (data1 == GES_WAVE_FLAG) {
      Serial.println("wave-黄灯");//串口监视器显示文本并换行
      for (int i = 0; i < 8; i++) {
        strip.setPixelColor(i, 255, 255, 0);//黄色
        strip.show();//点亮 LED 灯带
        delay(125);//延时125ms
      }
    }
  }
  delay(100);
}
```

(2) 实验结果。

代码上传成功后，将电路板 AN24 安装到 Arduino Uno 开发板上，并接通电源。

向右挥手，逐只点亮 8 只绿色 LED。

向左挥手，逐只点亮 8 只红色 LED。

向上挥手，逐只点亮 8 只蓝色 LED。

向下挥手，逐只点亮 8 只白色 LED。

向前挥手，逐只点亮 8 只青色 LED。

向后挥手，逐只点亮 8 只紫色 LED。

顺时针画圆圈，关闭 4 只 LED。

逆时针画圆圈，关闭 8 只 LED。

快速摇摆手，逐只点亮 8 只黄色 LED。

24.5 拓展与挑战

代码上传成功后，将电路板 AN24 安装到 Arduino Uno 开发板上，并接通电源。

向左挥手，逐只点亮 8 只白色 LED。

向右挥手，8 只 LED 全部熄灭。

向上挥手，逐只点亮 8 只红色 LED。

向下挥手，4 只 LED 点亮，4 只 LED 熄灭。

向前挥手，逐只点亮 8 只青色 LED。

向后挥手，逐只点亮 8 只紫色 LED。

快速摇摆手，逐只点亮 8 只黄色 LED。

顺时针画圆圈，逐只点亮 8 只绿色 LED。

逆时针画圆圈，逐只点亮 8 只蓝色 LED。

实验 25 GPS 定位仪

指南针是中国古代四大发明之一，在航海过程中能起到极重要的定向作用，对地理大发现和海上贸易有极大的促进作用。现在人们使用的智能手机普遍安装了电子指南针、电子罗盘和 GPS 导航软件。GPS 导航软件集导航、定位、定向、测速、语音播报等功能于一体，极大地方便了人们外出旅行。

GPS 定位仪是基于 GPS 的定位仪器，可实现对车辆、船舶等交通工具的定位，广泛应用于数字物流、数字市政、汽车租赁、长途运输等相关行业。

25.1 实验描述

运用 Arduino Uno 开发板编程控制卫星定位模块 ATGM336H 和液晶显示屏模块 LCD1602A 测试当前位置的经度与纬度，获取精准的北京时间。GPS 定位仪电原理图、电路板图、实物图、流程图如图 25.1 所示。

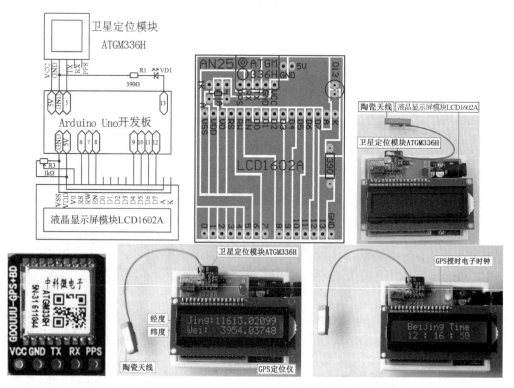

图 25.1 GPS 定位仪电原理图、电路板图、实物图、流程图

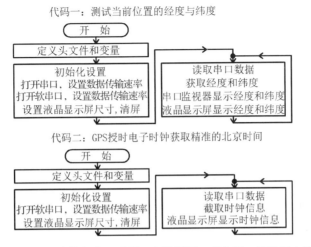

图 25.1　GPS 定位仪电原理图、电路板图、实物图、流程图（续）

25.2　知识要点

（1）GPS 是英文 Global Positioning System（全球定位系统）的简称，是美国陆、海、空三军联合研制的全球卫星定位系统，可提供实时、全天候和全球性的导航服务。GPS 天线可接收到来自环绕地球的 24 颗 GPS 卫星中的至少 3 颗所传递的数据信息，结合导航电子地图，可确定测试点在电子地图中的准确位置。GPS 可用于武器、车辆、飞机、船舶、个人导航，以及手机电子地图导航定位，为电信基站、电视发射站提供精确同步时钟源等。

（2）BDS 是英文 BeiDou Navigation Satellite System（北斗卫星导航系统）的简称，是中国自行研制的全球卫星导航系统。2020 年 6 月 23 日，中国完成所有 55 颗卫星组网发射，实现了全球卫星导航服务能力。BDS 具有短报文通信（用户可以一次传送 40～60 个汉字的短报文信息）、精密授时、高精度定位等功能。

（3）卫星定位模块 ATGM336H 基于杭州中科微电子有限公司第四代芯片 AT6558，支持中国的 BDS 和美国的 GPS 等多种系统。该模块具有高灵敏度、低功耗、低成本等特点，适用于车载导航、手持定位、手机、平板电脑、可穿戴设备等，定位精度为 2.5m（CEP50，开阔地），首次定位时间为 32s。

卫星定位模块 ATGM336H 的外形尺寸为 15.7mm×13.1mm，工作电压为 3.3～5V，工作电流小于 25mA@3.3V（双模连续跟踪并且定位），支持 BDS/GPS/GLONASS 系统，具有 TTL 电平 UART 接口，带有 SMA 和 IPEX 两种天线接口，带有 PPS 授时输出引脚，方便做时钟同步等应用，默认波特率为 9600bit/s。该模块设有 VCC（电源正极）、GND（电源地）、TX（TTL 电平串口发送端，接单片机 RXD）、RX（TTL 电平串口接收端，接单片机 TXD）、PPS（时钟脉冲输出端）共 5 个端口。

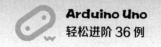

25.3 编程要点

（1）语句 commaPosition = gngga.indexOf(',');表示返回指定的字符串值','在字符串中首次出现的位置。

语法：stringObject.indexOf(searchvalue,fromindex)。

参数：searchvalue 表示必须，规定必须检索的字符串值。

fromindex 表示可选的整数参数，规定在字符串中开始检索的位置，取值范围为 0 到 -1。如果省略该参数，则将从字符串的首字符开始检索。

特别说明：indexOf()对大小写敏感，如果要检索的字符串值没有出现，则返回-1；如果找到一个 searchvalue，则返回 searchvalue 第一次出现的位置。stringObject 中的字符位置是从 0 开始的。

（2）语句 info[i] = gngga.substring(0, commaPosition);表示截取从位置 0 到变量数之间的字符串。

（3）语句 Serial.println(gngga);表示串口监视器显示文本并换行。其结果是串口监视器显示 GPS 信息、当前卫星信息等。其中，$GNGGA 所在的行显示的就是 GPS 信息，格式如下。

$GNGGA,(1),(2),(3),(4),(5),(6),(7),(8),(9),M,(10),M,(11),(12)*hh(CR)(LF)

其中，(1)为 UTC 时间，格式为 hhmmss.ss；，如 050240.000 表示 UTC 时间（本初子午线时间）为 05:02:40，东八区时区差+08，因此实际北京时间为 13 时 02 分 40 秒。

(2)为纬度，格式为 ddmm.mmmmm（度分格式）。

(3)为纬度半球，N 或 S（北纬或南纬）。

(4)为经度，格式为 dddmm.mmmmm（度分格式）。

(5)为经度半球，E 或 W（东经或西经）。

(6)为 GPS 状态，0=未定位，1=非差分定位，2=差分定位。

(7)为正在使用的用于定位的卫星数量（00～12），如 08 表示 8 颗卫星。

(8)为 HDOP 水平精确度因子（0.5～99.9），如 6.3。

(9)为海拔高度（-9999.9～9999.9m），如海拔高度为 80.3m。

(10)为大地水准面高度（-9999.9～9999.9），如大地水准面高度为 0.178m。

(11)为差分时间（从最近一次接收到差分信号开始的秒数，若为非差分定位，则此项为空）。

(12)为差分参考基站标号（0000 到 1023，首位 0 也将传送，若为非差分定位，则此项为空）。

（4）语句 S0 = info[1].toInt() % 10;表示读取个位数字，即秒个位。

语句 info[1]表示字符串数组 info 的第 2 个元素；语句 info[1].toInt()表示字符串数组

info 的第 2 个元素由字符串类型转变为整型，转换范围为-32768～32767；语句 info[1].toInt() % 10 表示将整型数据除以 10，取余数，即取模，如 1234%10=4 相当于读取整型数据的个位，同理 1234/10%10=3 相当于读取整型数据的十位，1234/100%10=2 相当于读取整型数据的百位，1234/1000%10=1 相当于读取整型数据的千位。

（5）语句 if ((info[4].toInt() > 11612||info[4].toInt() < 11608)&&(info[2].toInt() > 3957||info[2].toInt() < 3953)) {语句 1;}表示如果读取的经度大于 11612 或小于 11608，与此同时读取的纬度大于 3957 或小于 3953，那么执行语句 1。符号||表示或，符号&&表示与。

25.4 程序设计

（1）程序参考。

代码一：测试当前位置的经度与纬度。

```
#include    <LiquidCrystal.h>//定义头文件，这是 LCD1602A 库函数文件
LiquidCrystal   lcd(6, 7, 8, 9, 10, 11, 12);//设置液晶显示屏引脚接口
#include <SoftwareSerial.h>//定义头文件，这是 Arduino 软件模拟串口通信的库函数文件
//卫星定位模块的 TX 端接 Arduino Uno 开发板的数字端口 5
//卫星定位模块的 RX 端接 Arduino Uno 开发板的数字端口 4
SoftwareSerial gps(5, 4);
String gngga = "";//定义字符串变量
String info[15];//定义字符串数组
int commaPosition = -1;//定义整型变量
String getLat();//定义获取纬度函数
String getLng();//定义获取经度函数
void setup() {
  Serial.begin(9600);//打开串口，设置数据传输速率为 9600bit/s
  gps.begin(9600);//打开软串口，设置数据传输速率为 9600bit/s
  lcd.begin(16, 2);//设置液晶显示屏尺寸
  lcd.clear();//清屏
}
void loop() {
  gngga = "";//字符串变量清空
  //如果串口接收到数据，则执行下面的语句；如果未接收到数据，则跳出循环
  while (gps.available() > 0) {
    gngga += char(gps.read());//读取串口数据
    delay(1);//延时 1ms
  }
  if (gngga.length() > 0) {//如果串口接收到的数据字符串变量长度大于 0
```

```
    Serial.println(gngga);//串口监视器显示文本并换行
    for (int i = 0; i < 15; i++) {
      //字符串值','在字符串中首次出现的位置赋值给变量
      commaPosition = gngga.indexOf(',');
      if (commaPosition != -1)     {//如果变量不等于-1
        //截取从位置0到变量数之间的字符串
        info[i] = gngga.substring(0, commaPosition);
        //存储剩余字符串
        gngga = gngga.substring(commaPosition + 1, gngga.length());
      }
      else {
        if (gngga.length() > 0) {//如果字符串变量长度大于0
          //截取从位置0到变量数之间的字符串
          info[i] = gngga.substring(0, commaPosition);
        }
      }
    }
    Serial.print("当前位置经度为：");//串口监视器显示文本
    Serial.println(info[4]);//串口监视器显示经度并换行
    Serial.print("当前位置纬度为：");//串口监视器显示文本
    Serial.println(info[2]);//串口监视器显示纬度并换行
    lcd.setCursor(0, 0);//设置光标位置为第0列第0行
    lcd.print("Jing: ");//液晶显示屏显示字符
    lcd.setCursor(5, 0);//设置光标位置为第5列第0行
    lcd.print(info[4]);//液晶显示屏显示经度值
    lcd.setCursor(0, 1);//设置光标位置为第0列第1行
    lcd.print("Wei: ");//液晶显示屏显示字符
    lcd.setCursor(6, 1);//设置光标位置为第6列第1行
    lcd.print(info[2]);//液晶显示屏显示纬度值
  }
}
String getLng() {//获取经度
  return info[4];//返回
}
String getLat() {//获取纬度
  return info[2];//返回
}
```

代码二：GPS授时电子时钟获取精准的北京时间。

```
int     S0 = 0;//定义变量S0(秒个位)为整型数据，初始化赋值为0
int     S1 = 0;//定义变量S1(秒十位)为整型数据，初始化赋值为0
```

实验 25 GPS 定位仪

```c
int     M0 = 0;//定义变量M0(分个位)为整型数据，初始化赋值为0
int     M1 = 0;//定义变量M1(分十位)为整型数据，初始化赋值为0
int     HH = 0;//定义变量HH(时钟位)为整型数据，初始化赋值为0
#include    <LiquidCrystal.h>//定义头文件，这是LCD1602A库函数文件
LiquidCrystal   lcd(6, 7, 8, 9, 10, 11, 12);//设置液晶显示屏引脚接口
#include <SoftwareSerial.h>//定义头文件，这是Arduino软件模拟串口通信的库函数文件
//卫星定位模块的TX端接Arduino Uno开发板的数字端口5
//卫星定位模块的RX端接Arduino Uno开发板的数字端口4
// 变量声明
SoftwareSerial gps(5, 4);
String gngga = "";//定义字符串变量
String info[2];//定义字符串数组
int commaPosition = -1;//定义整型变量(位置)
String getTime();//定义获取时间函数
void setup() {
  gps.begin(9600);//打开软串口，设置数据传输速率为9600bit/s
  lcd.begin(16, 2);//设置液晶显示屏尺寸
  lcd.clear();//清屏
}
void loop() {
  gngga = "";//字符串变量清空
  //如果串口接收到数据，则执行下面的语句；如果未接收到数据，则跳出循环
  while (gps.available() > 0) {
    gngga += char(gps.read());//读取串口数据
    delay(1);//延时1ms
  }
  if (gngga.length() > 0) {//如果串口接收到的数据字符串变量长度大于0
    for (int i = 0; i < 2; i++) {
      //字符串值','在字符串中首次出现的位置赋值给变量(位置)
      commaPosition = gngga.indexOf(',');
      if (commaPosition != -1) {//如果变量不等于-1
        //截取从位置0到变量数之间的字符串
        info[i] = gngga.substring(0, commaPosition);
        //存储剩余字符串
        gngga = gngga.substring(commaPosition + 1, gngga.length());
      }
      else {
        if (gngga.length() > 0) {//如果字符串变量长度大于0
          //截取从位置0到变量数之间的字符串
          info[i] = gngga.substring(0, commaPosition);
        }
```

```
      }
    }
  }
  S0 = info[1].toInt() % 10;//读取个位数字,即秒个位
  S1 = info[1].toInt() / 10 % 10;//读取十位数字,即秒十位
  M0 = info[1].toInt() / 100 % 10;//读取百位数字,即分个位
  M1 = info[1].toInt() / 1000 % 10;//读取千位数字,即分十位
  HH = info[1].toInt() / 10000 + 8;//读取时钟位+时区差
  if (HH >= 24) {//如果时钟数大于或等于24
    HH = HH - 24;//那么时钟数减去24
  }
  lcd.setCursor(2, 0);//设置光标位置为第2列第0行
  lcd.print("Beijing Time");//液晶显示屏显示字符
  lcd.setCursor(2, 1);//设置光标位置为第2列第1行
  if (HH >= 10) {
    lcd.setCursor(2, 1);//设置光标位置为第2列第1行
    lcd.print(HH);//输出字符串
  }
  if (HH < 10) {
    lcd.setCursor(2, 1);//设置光标位置为第2列第1行
    lcd.print(HH);//输出字符串
    lcd.setCursor(3, 1);//设置光标位置为第3列第1行
    lcd.print("");//输出字符串
  }
  lcd.setCursor(5, 1);//设置光标位置为第5列第1行
  lcd.print(":");//输出字符串
  lcd.setCursor(7, 1);//设置光标位置为第7列第1行
  lcd.print(M1);//输出字符串
  lcd.setCursor(8, 1);//设置光标位置为第8列第1行
  lcd.print(M0);//输出字符串
  lcd.setCursor(10, 1);//设置光标位置为第10列第1行
  lcd.print(":");//输出字符串
  lcd.setCursor(12, 1);//设置光标位置为第12列第1行
  lcd.print(S1);//输出字符串
  lcd.setCursor(13, 1);//设置光标位置为第13列第1行
  lcd.print(S0);//输出字符串
}
String getTime() {//获取时间
  return info[1];//返回
}
```

（2）实验结果。

将电路板 AN25 安装到 Arduino Uno 开发板上，将代码一上传到该开发板内，接通电源，卫星定位模块 ATGM336H 的 LED 点亮，等待十几秒后，卫星定位模块 ATGM336H 的 LED 闪亮，液晶显示屏模块 LCD1602A 将显示当前位置的经度与纬度。如果卫星定位模块 ATGM336H 的 LED 为持续点亮状态，则说明没有接收到卫星信号，这时可将卫星定位模块 ATGM336H 移到室外开阔的地方再试试。

打开 GPS 经纬度地图定位工具 V1.2 软件，在 GPS 原始坐标下方输入经度与纬度（GPS 原始坐标经度值小数点前有 5 位数字，小数点后有 5 位数字，纬度值小数点前有 4 位数字，小数点后有 5 位数字），单击"定位"按钮，在地图定位界面中可看到测试点在地图中的位置，如图 25.2 所示。

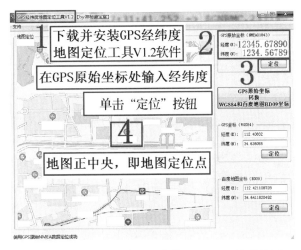

图 25.2　GPS 经纬度地图定位工具 V1.2 软件界面

特别说明：GPS 原始坐标的经度格式为 dddmm.mmmmm（度分格式），纬度格式为 ddmm.mmmmm（度分格式），使用 GPS 经纬度地图定位工具 V1.2 软件，可获取相对准确的地理位置信息，使用百度地图及其他软件可能会得到有明显错误的地理位置信息。

将代码二上传到该开发板内，接通电源，液晶显示屏模块 LCD1602A 将显示精准的北京时间。

特别说明：GPS 装置于 2019 年 4 月 7 日凌晨零点进行时间重置，此后 20 年内，所有 GPS 接收器的时间都将与之完全相同，因此这款利用 GPS 接收器制作的时钟显示时间十分精准。

25.5　拓展与挑战

如果测试点的经度值大于 11612 或小于 11608，与此同时纬度值大于 3957 或小于 3953，则数字端口 12 输出高电平；否则，数字端口 12 输出低电平。

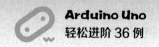

提示：

在 void setup() {} 中增加以下语句。

```
pinMode(12, OUTPUT);//设置数字端口 12 为输出模式
digitalWrite(12, 0);//设置数字端口 12 输出低电平
```

在 void loop() {} 中增加以下语句。

```
if ((info[4].toInt() > 11612||info[4].toInt() < 11608)&&(info[2].toInt() > 3957||info[2].toInt() < 3953)) {
    digitalWrite(12, 1);//设置数字端口 12 输出高电平
  }
  else {
    digitalWrite(12, 0);//设置数字端口 12 输出低电平
  }
```

实验 26 智能 SIM 卡

SIM 是英文 Subscriber Identity Module 的缩写，意思是客户识别模块。SIM 卡又叫用户身份识别卡、智能电话卡。SIM 卡由 CPU、ROM、RAM、EEPROM 和 I/O 电路组成。用户在使用 SIM 卡时，实际上是通过手机向 SIM 卡发出命令，SIM 卡根据标准规范执行或拒绝。SIM 卡主要用于 GSM 网络、W-CDMA 网络和 TD-SCDMA 网络。GSM 数字移动电话机必须安装 SIM 卡方能使用。

26.1 实验描述

运用 Arduino Uno 开发板编程控制智能电话卡模块 SIM900A 打电话、发短信，通过手机发短信控制模块开启或关闭 LED。智能 SIM 卡电原理图、电路板图、实物图、流程图如图 26.1 所示。

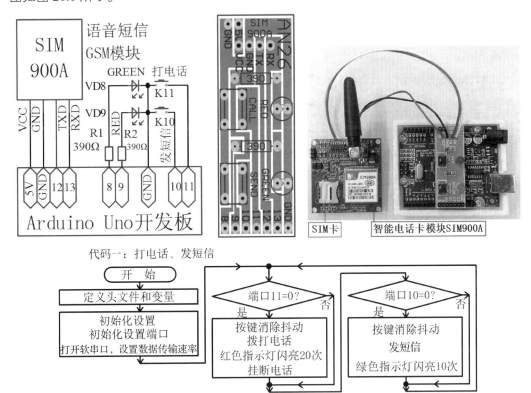

图 26.1 智能 SIM 卡电原理图、电路板图、实物图、流程图

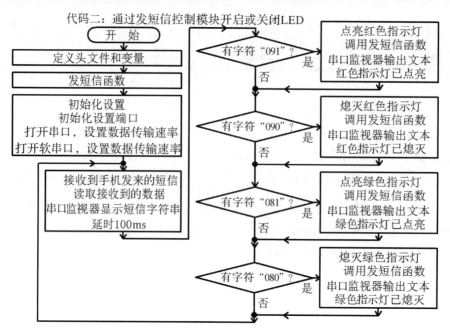

图 26.1 智能 SIM 卡电原理图、电路板图、实物图、流程图（续）

26.2 知识要点

（1）SIM 卡。

SIM 卡按尺寸可分为标准卡（尺寸为 25mm×15mm×0.8mm）、小卡（尺寸为 12mm×15mm×0.8mm）、微型卡（12.3mm×8.8mm×0.7mm）。

SIM 卡按容量可分为 8K 的、16K 的、32K 的、64K 的、128K 的、256K 的、512K 的等。128K 的 SIM 卡可储存 1000 组电话号码及其对应的姓名文字、40 组短信。

SIM 卡按引脚数量可分为 6PIN SIM 卡、8PIN SIM 卡。

SIM 卡设有电源（VCC，4.5～5.5V）、复位（RST）、时钟（CLK，时钟频率为 3.25 MHz）、接地（GND）、编程电压（VPP）、数据 I/O 口（Data）、空共 7 个端口。

SIM 卡使用注意事项：SIM 卡禁止弯折；SIM 卡取出或放入前须先关闭手机电源；SIM 卡遗失后应及时拨打客服中心电话办理停机业务或到营业厅办理补卡手续，以免被人盗用。

（2）智能电话卡模块 SIM900A。

智能电话卡模块 SIM900A 是 SIMCOM 公司生产的工业级双频 GSM/GPRS 模块（支持频段：GSM/GPRS 900/1800MHz），具有标准 AT 命令接口，支持 RS232 串口和 LVTTL 串口，可以低功耗地实现语音、SMS（短信、彩信）、数据和传真信息的传输。

该模块基于 STE 的单芯片解决方案，采用 ARM926EJ-S 架构，性能强大，可内置客户应用程序，主要用于实现语音或数据通信，广泛应用于车载跟踪、车队管理、无线 POS、手持 PDA、智能抄表与电力监控等场景。

该模块的外形尺寸为 24 mm×24mm×3mm，工作电压为 3.2～4.8V，待机模式电流低于 18mA，休眠模式电流低于 2mA，语音编码支持半速率、全速率、增强型速率，支持回声抑制算法。

26.3 编程要点

（1）语句 pinMode(10, INPUT_PULLUP);表示设置数字端口 10 为输入上拉模式。数字端口 10 为发短信按键接口，按下发短信按键，数字端口 10 为低电平。

输入上拉模式，即使用 Arduino 微控制器内部自带的上拉电阻，当外部组件未启用时，端口设置为高电平状态；当外部组件启用时，设置的高电平状态将取消。

（2）语句 sim900.print("ATD13161251908;\r\n");表示 SIM900A 模块拨打电话。

（3）语句 sim900.print("ATH\r\n");表示 SIM900A 模块挂断电话

（4）语句 sim900.print("AT+CNMI=2,2,0,0,0\r");表示 SIM900A 模块接收到手机发来的短信，并显示短信内容，但不存储到模块内，这条语句十分关键。

（5）语句 incomingData = sim900.readString();表示读取 SIM900A 模块接收到的数据（包含短信内容），并赋值给变量（接收的短信字符串），这条语句十分关键。

语法：Serial.readString();，表示从串口缓存区读取全部数据给一个字符串型变量。

（6）语句 if (incomingData.indexOf("091") >= 0)　　{ 语句 1;}表示如果变量中有字符"091"，那么执行语句 1。

特别说明：indexOf()是字符串对象函数，表示从头开始搜索给定字符在字符串中的位置，返回值为给定字符在字符串中第一次出现的位置，如果搜索失败（没有找到），则返回值为-1。

（7）语句 sim900.println("AT+CSCS=\"GSM\"");表示设置字符编码格式为 GSM。

特别说明：GSM 是 7 位默认字符集，在发送数字与英文短信时使用。如果发送含中文字符的短信，那么需要使用 AT+CSCS=\"UCS2\"指令，UCS2 是 16 位通用 8 字节编码字符集。

```
语句 sim900.println("AT+CMGF=1");//设置短信格式为文本模式
语句 sim900.println("AT+CMGS=\"13161251908\"");//发短信
语句 sim900.println(text);//短信内容
语句 sim900.write(0x1A);//通知 SIM900A 模块发短信
```

特别说明：0x1A 是"Ctrl+Z"的键值，表示执行发送操作。如果不执行发送操作，则使用指令 sim900.write(0x1B)。0x1B 是"ESC"的键值，表示取消发送操作。

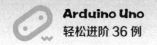

26.4 程序设计

(1) 程序参考。

代码一:打电话、发短信。

```
#include <Arduino.h>//定义头文件,用于定义一些常数与函数,以及申明一些常用函数
#include <SoftwareSerial.h>//定义头文件,这是Arduino软件模拟串口通信库函数文件
//SIM900A模块的TX端接Arduino Uno开发板的数字端口12
//SIM900A模块的RX端接Arduino Uno开发板的数字端口13
SoftwareSerial sim900(12, 13);
void setup() {
  sim900.begin(9600);//打开软串口,设置数据传输速率为9600bit/s
  pinMode(8, OUTPUT);//设置数字端口8为输出模式,绿色指示灯
  pinMode(9, OUTPUT);//设置数字端口9为输出模式,红色指示灯
  pinMode(10, INPUT_PULLUP);//设置数字端口10为输入上拉模式,发短信按键
  pinMode(11, INPUT_PULLUP);//设置数字端口11为输入上拉模式,打电话按键
}
void loop() {
  if ( digitalRead(11) == 0 ) {//如果数字端口11为低电平,则按下打电话按键
    delay(100);//延时100ms,消除抖动
    if ( digitalRead(11) == 0 ) {//如果数字端口11仍为低电平
      //直到数字端口11为高电平跳出循环,即松开打电话按键
      while (digitalRead(11) == 0);
      sim900.print("ATD13161251908;\r\n");//拨打电话
      for (int i = 0; i < 20; i++) {
        digitalWrite(9, 1);//数字端口9输出高电平,红色指示灯点亮
        delay(500);//延时500ms
        digitalWrite(9, 0);//数字端口9输出低电平,红色指示灯熄灭
        digitalWrite(8, 0);//数字端口8输出低电平,绿色指示灯熄灭
        delay(500);//延时500ms
      }
      sim900.print("ATH\r\n");//挂断电话
      delay(1000);//延时1000ms
    }
  }
  if ( digitalRead(10) == 0 ) {//如果数字端口10为低电平,则按下发短信按键
    delay(100);//延时100ms,消除抖动
    if ( digitalRead(10) == 0 ) { //如果数字端口10仍为低电平
      //直到数字端口10为高电平跳出循环,即松开发短信按键
      while (digitalRead(10) == 0);
      //设置字符编码格式为GSM,此模式用于发送数字与英文短信,可在终端直接显示出来
```

实验 26　智能 SIM 卡

```
    sim900.print("AT+CSCS=\"GSM\"\r\n");
    delay(1000);//延时1000ms
    sim900.print("AT+CMGF=1\r\n");//设置短信格式为文本模式
    delay(1000);//延时1000ms
    sim900.print("AT+CMGS=\"13161251908\"\r\n");//发短信
    delay(1000);//延时1000ms
    sim900.print("Great, I'm so happy!");//短信内容
    delay(1000);//延时1000ms
    sim900.write(0x1A);//通知SIM900A模块发短信
    for (int i = 0; i < 10; i++) {
      digitalWrite(8, 1);//数字端口8输出高电平,绿色指示灯点亮
      delay(500);//延时500ms
      digitalWrite(8, 0);//数字端口8输出低电平,绿色指示灯熄灭
      digitalWrite(9, 0);//数字端口9输出低电平,红色指示灯熄灭
      delay(500);//延时500ms
    }
  }
 }
}
```

代码二：通过发短信控制模块开启或关闭 LED。

```
//发短信控制模块开启或关闭LED成功概率为100%
#include <SoftwareSerial.h>//定义头文件,这是Arduino软件模拟串口通信库函数文件
//SIM900A模块的TX端接Arduino Uno开发板的数字端口12
//SIM900A模块的RX端接Arduino Uno开发板的数字端口13
SoftwareSerial sim900(12, 13);
String incomingData = "";//定义字符串变量(接收的短信字符串)
String text = "";//定义字符串变量(发送的短信字符串)
void setup() {
  pinMode(8, OUTPUT);//设置数字端口8为输出模式,绿色指示灯
  pinMode(9, OUTPUT);//设置数字端口9为输出模式,红色指示灯
  digitalWrite(8, 0);//数字端口9输出低电平,绿色指示灯熄灭
  digitalWrite(9, 0);//数字端口9输出低电平,红色指示灯熄灭
  Serial.begin(9600);//打开串口,设置数据传输速率为9600bit/s
  sim900.begin(9600);//打开软串口,设置数据传输速率为9600bit/s
  sim900.listen();//监听软串口通信
  sim900.print("AT+CMGF=1\r\n");//设置短信格式为文本模式
  delay(50);//延时50ms
  //SIM900A模块接收到手机发来的短信,并显示短信内容,但不存储到模块内
  sim900.print("AT+CNMI=2,2,0,0,0\r");
  delay(50);//延时50ms
```

```
}
void loop() {
  //SIM900A 模块接收到手机发来的短信,并显示短信内容,但不存储到模块内,这条语句十分关键
  sim900.print("AT+CNMI=2,2,0,0,0\r");
  delay(50);//延时 50ms
  incomingData = "";//字符串变量(接收的短信字符串)清空
  //如果 SIM900A 模块接收到数据,则执行下面的语句;如果未接收到数据,则跳出循环
  while (sim900.available() > 0) {
    //读取 SIM900A 模块接收到的数据赋值给变量(接收的短信字符串),这条语句十分关键
    incomingData = sim900.readString();
    delay(2);//延时 2ms
  }
  Serial.print(incomingData);//串口监视器显示接收到的短信字符串
  delay(100);//延时 100ms
  if (incomingData.indexOf("091") >= 0)    {//如果变量中有字符"091"
    digitalWrite(9, 1);//数字端口 9 输出高电平,红色指示灯点亮
    text = "The red light is on";//红色指示灯已点亮
    SendMessage(text);//调用发送短信函数
    Serial.println(text);//串口监视器输出文本并换行
  }
  if (incomingData.indexOf("090") >= 0)    {//如果变量中有字符"090"
    digitalWrite(9, 0);//数字端口 9 输出低电平,红色指示灯熄灭
    text = "The red light is off";//红色指示灯已熄灭
    SendMessage(text);//调用发短信函数
    Serial.println(text);//串口监视器输出文本并换行
  }
  if (incomingData.indexOf("081") >= 0)    {//如果变量中有字符"081"
    digitalWrite(8, 1);//数字端口 8 输出高电平,绿色指示灯点亮
    text = "The green light is on";//绿色指示灯已点亮
    SendMessage(text);//调用发短信函数
    Serial.println(text);//串口监视器输出文本并换行
  }
  if (incomingData.indexOf("080") >= 0)    {//如果变量中有字符"080"
    digitalWrite(8, 0);//数字端口 8 输出低电平,绿色指示灯熄灭
    text = "The green light is off";//绿色指示灯已熄灭
    SendMessage(text);//调用发送短信函数
    Serial.println(text);//串口监视器输出文本并换行
  }
}
void SendMessage(String message) {//发短信函数
  sim900.println("AT+CSCS=\"GSM\"");//设置字符编码格式为 GSM
```

```
    delay(500);//延时500ms
    sim900.println("AT+CMGF=1");//设置短信格式为文本模式
    delay(500);//延时500ms
    sim900.println("AT+CMGS=\"13161251908\"");//发短信
    delay(500);//延时500ms
    sim900.println(text);//短信内容
    delay(500);//延时500ms
    sim900.write(0x1A);//通知模块发短信
    delay(500);//延时500ms
}
```

（2）实验结果。

将电路板 AN26 安装到 Arduino Uno 开发板上，代码一上传成功后，按下打电话键，开始拨打电话，红色指示灯闪亮，20s 后自动挂断电话；按下发短信键，开始发送短信，绿色指示灯闪亮，10s 后绿色指示灯熄灭。

特别说明：使用计算机 USB 数据线给开发板供电，SIM900A 模块工作性能可能很不稳定，原因是计算机 USB 数据线输出电流有限，这将导致 SIM900A 模块供电不足，因此不能正常工作。解决方法是使用 7.4V/1.5A 外部电源给开发板供电。

代码二上传成功后，用手机发送短信字符"081""080""091""090"给模块，可开启绿色指示灯、关闭绿色指示灯、开启红色指示灯、关闭绿色指示灯。串口监视器上将显示"The Green Light is on""The Green Light is off""The Red Light is on""The Red Light is off"，手机上将接收到上述内容的短信。

特别说明：发送短信与接收短信需要一定时间，如用手机发送短信字符"081"，等待 6~10s 后绿色指示灯点亮，同时串口监视器上显示"The green light is on"，表示绿色指示灯已点亮，继续等待 8~12s 后，手机将接收到短信"The green light is on"，表示绿色指示灯已点亮。

26.5 拓展与挑战

将电路板 AN26 安装到 Arduino Uno 开发板上，并接通电源，用手机发送短信"REDON""REDOFF""GREENON""GREENOFF"，可开启红色指示灯、关闭红色指示灯、开启绿色指示灯、关闭绿色指示灯。

实验 27　TF 存储卡

TF 存储卡（Trans-Flash Card）又称 Micro SD 卡，是一种极小的快闪存储卡，由 SanDisk（闪迪）公司开发出来。TF 存储卡具有体积微小、兼容 SD 读卡器等突出优点，主要用于手机、数码相机、GPS、快闪存储器等设备。

27.1　实验描述

运用 Arduino Uno 开发板编程控制 TF 存储卡模块 LVC125A 和卫星定位模块 ATGM336H，通过文件系统及 SPI 接口驱动程序，完成 TF 存储卡内文件的读写。TF 存储卡电原理图、电路板图、实物图、流程图如图 27.1 所示。

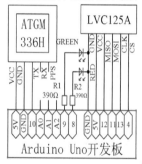
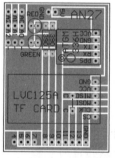
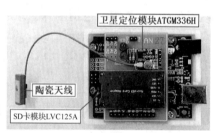
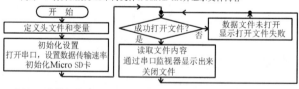
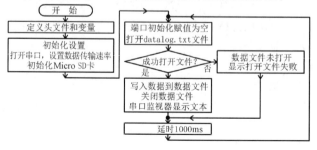

图 27.1　TF 存储卡电原理图、电路板图、实物图、流程图

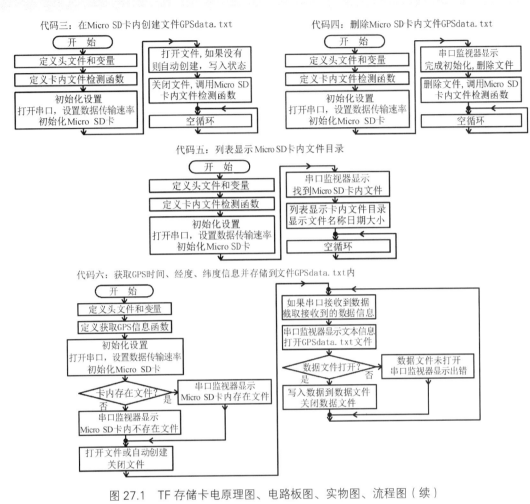

图 27.1 TF 存储卡电原理图、电路板图、实物图、流程图（续）

27.2 知识要点

（1）TF 存储卡

TF 存储卡是一种极小的快闪存储卡，外形尺寸为 11mm×15mm×1mm，存储容量为 128MB～128GB，性能等级分为 Class 0、Class 2（能满足观看普通 MPEG4、MPEG2 的电影和 SDTV 及数码摄像机拍摄等需求）、Class 4（能满足流畅播放高清电视 HDTV 及数码相机连拍等需求）、Class 6（能满足单反相机连拍和专业设备的使用要求）、Class10（能满足更高速率的存储要求）。TF 存储卡主要在手机、数码相机、GPS 等电子产品中用于存储数据。由于主流台式机、笔记本电脑上均没有 TF 存储卡插槽，因此通常 TF 存储卡内的数据文件均是通过 SD 读卡器间接读/写的。在 SD 读卡器上有一种插 TF 存储卡的专用卡座，按规格可分自弹式卡座、PUSH 卡座、短卡座、长卡座、贴片卡座、掀盖式卡座等。另外，TF 存储卡经 SD 卡转换器后可当作 SD 卡使用。

（2）Micro SD 卡模块 LVC125A。

Micro SD 卡模块 LVC125A 是 Micro SD 卡读/写模块，外形尺寸为 42mm×24mm，工作电压为 4.5～5.5V，工作电流为 0.2～200mA，典型工作电流为 80mA，接口类型为标准 SPI 接口，接口电平为 3.3V 或 5V，支持 Micro SD 卡（最大 2GB）、Micro SDHC 卡（高速卡）（最大 32GB）。

Micro SD 卡模块 LVC125A 设有 GND（接电源地）、VCC（接电源正极）、MISO（串行数据输入）、MOSI（串行数据输出）、CLK（串行时钟信号）、CS（片选信号，由控制器控制）共 6 个端口。

27.3 编程要点

（1）语句 while (!Serial) {;}表示如果!Serial 为真，则循环执行；如果串口接收到数据，!Serial 为假，则跳出循环。换言之，是指等待串口连接，一旦串口连接成功，串口接收到数据，程序将跳出循环。

（2）语句 if(!SD.begin(4)) {语句 1;}表示如果!SD.begin(4)=1，那么执行语句 1。换言之，如果 SD.begin(4)=0，即 SD 卡初始化失败，那么执行语句 1。

（3）语句 String dataString = "";dataString += "A0="; dataString += String(analogRead(A0));表示定义字符串变量 dataString，初始化赋值为空，增加字符串"A0="后 dataString="A0="，增加字符串 analogRead(A0)后 dataString="A0="+ analogRead(A0)，analogRead(A0)表示读取模拟端口 A0 的值。

（4）语句 commaPosition = gngga.indexOf('E');表示查找字符串值'E'在字符串 gngga 中首次出现的位置并赋值给变量（位置）。

（5）语句 info[i] = gngga.substring(0, commaPosition);表示截取从位置 0 到变量数之间的字符串。

例如，字符串 gngga 为

```
//$GNGGA,145631.000,3956.47612,N,11611.71304,E,1,09,2.7,66.8,M,0.0,M,,*4A
```

截取后字符串为

```
//$GNGGA,145631.000,3956.47612,N,11611.71304
```

其中，145631.000 表示本初子午时间为 14:56:31，加上时区差+8，即 22 时 56 分 31 秒。

27.4 程序设计

（1）程序参考。

代码一：打开 SD 卡内文件 GPSdata.txt 并显示文件内容。

```
#include <SPI.h>//定义头文件，这是串行外围设备接口SPI通信库函数文件
#include <SD.h>//定义头文件，这是读写SD卡库函数文件
File myFile;//定义File类对象名为myFile
String tr = "GPSdata.txt";//定义字符型变量
void setup() {
  Serial.begin(9600);//打开串口，设置数据传输速率为9600bit/s
  while (!Serial) {//如果串口接收到数据，则跳出循环
    ;
  }
  Serial.print("Initializing SD card...");//串口监视器显示文本，初始化SD卡
  if (!SD.begin(4)) {//如果SD.begin(4)=0
    //串口监视器显示文本并换行，初始化失败
    Serial.println("initialization failed!");
    return;//返回
  }
  Serial.println("initialization done.");//串口监视器显示文本并换行，完成初始化
  myFile = SD.open(tr);//打开文件
   if (myFile) {//如果打开文件成功
    Serial.println(tr+":");//串口监视器显示文件名并换行，
    while (myFile.available()) {//循环读取直到没有其他内容
      Serial.write(myFile.read());//读取文件内容并通过串口监视器显示出来
    }
    myFile.close();//关闭文件
  } else {//如果打开文件失败
    Serial.println("error opening "+tr);//串口监视器显示打开文件时出错
  }
}
void loop() {}
```

代码二：将模拟端口A0、A1、A2的值保存到SD卡内文件GPSdata.txt中。

```
#include <SD.h>//定义头文件，这是读写SD卡库函数文件
String tr = "GPSdata.txt";//定义字符型变量
void setup() {
  Serial.begin(9600);//打开串口，设置数据传输速率为9600bit/s
  Serial.print("Initializing SD card...");//串口监视器显示文本，初始化SD卡
  if (!SD.begin(4)) {//如果SD.begin(4)=0
    //串口监视器显示文本并换行，初始化失败
    Serial.println("initialization failed!");
    return;//返回
  }
  Serial.println("initialization done.");//串口监视器显示文本并换行，完成初始化
```

```
}
void loop() {
  String dataString = "";//定义字符串变量，初始化赋值为空
  dataString += "A0=";
  dataString += String(analogRead(A0));//读入数据字符串
  dataString += ",A1=";
  dataString += String(analogRead(A1));
  dataString += ",A2=";
  dataString += String(analogRead(A2));
  dataString += ";";
  // 打开datalog.txt文件，读写状态，位置在文件末尾
  File dataFile = SD.open(tr, FILE_WRITE);
  if (dataFile) {//如果数据文件打开
    dataFile.println(dataString);//写入数据字符串到数据文件
    dataFile.close();//关闭数据文件
    Serial.println(dataString);//串口监视器显示文本并换行
  }
  else {//如果数据文件未打开
    Serial.println("error opening "+tr);//串口监视器显示打开文件时出错
  }
  delay(1000);//延时1000ms
}
```

代码三：在SD卡内创建文件GPSdata.txt。

```
#include <SD.h>//定义头文件，这是读写SD卡库函数文件
File myFile;//定义File类对象名为myFile
String tr = "GPSdata.txt";//定义字符型变量
void setup() {
  Serial.begin(9600);//打开串口，设置数据传输速率为9600bit/s
  Serial.print("Initializing SD card...");//串口监视器显示文本，初始化SD卡
  if (!SD.begin(4)) {//如果SD.begin(4)=0
    //串口监视器显示文本并换行，初始化失败
    Serial.println("initialization failed!");
    return;//返回
  }
  Serial.println("initialization done.");//串口监视器显示文本并换行，完成初始化
  Serial.println("Creating " + tr + "...");//串口监视器显示创建文件
  //打开文件，如果没有自动创建，写入状态
  myFile = SD.open(tr, FILE_WRITE);
  myFile.close();//关闭文件
  exist();//调用SD卡内文件检测函数
```

```
}
void loop() {}
void exist() {//定义SD卡内文件检测函数
  if (SD.exists(tr)) {//如果SD卡内存在文件
    Serial.println(tr + " exists.");//串口监视器显示存在文件
  }
  else {
    Serial.println(tr + " doesn't exist.");//串口监视器显示不存在文件
  }
}
```

代码四：删除 SD 卡内文件 GPSdata.txt。

```
#include <SD.h>//定义头文件，这是读写SD卡库函数文件
File myFile;//定义File类对象名为myFile
String tr = "GPSdata.txt";//定义字符型变量
void setup() {
  Serial.begin(9600);//打开串口，设置数据传输速率为9600bit/s
  Serial.print("Initializing SD card...");//串口监视器显示文本，初始化SD卡
  if (!SD.begin(4)) {//如果SD.begin(4)=0
    //串口监视器显示文本并换行，初始化失败
    Serial.println("initialization failed!");
    return;//返回
  }
  Serial.println("initialization done.");//串口监视器显示文本并换行，完成初始化
  Serial.println("Removing " + tr + "...");//串口监视器显示删除文件
  SD.remove(tr);//删除文件
  exist();//调用SD卡内文件检测函数
}
void loop() {}
void exist() {//定义SD卡内文件检测函数
  if (SD.exists(tr)) {//如果SD卡内存在文件
    Serial.println(tr + " exists.");//串口监视器显示存在文件
  }
  else {
    Serial.println(tr + " doesn't exist.");//串口监视器显示不存在文件
  }
}
```

代码五：列表显示 SD 卡内文件目录。

```
#include <SPI.h>//定义头文件，这是串行外围设备接口SPI通信库函数文件
#include <SD.h>//定义头文件，这是读写SD卡库函数文件
```

```cpp
Sd2Card card;//SD 卡
SdVolume volume;//SD 卡卷标
SdFile root;//SD 卡文件根目录
void setup() {
  Serial.begin(9600);//打开串口，设置数据传输速率为 9600bit/s
  while (!Serial) {//如果串口接收到数据，则跳出循环
    ;
  }
  Serial.print("Initializing SD card...");//串口监视器显示文本，初始化 SD 卡
  if (!card.init(SPI_HALF_SPEED, 4)) {
    //串口监视器显示文本并换行，初始化失败，请检查
    Serial.println("initialization failed. Things to check:");
    //串口监视器显示文本并换行，SD 卡已插入吗
    Serial.println("* is a card inserted?");
    //串口监视器显示文本并换行，电路接线正确吗
    Serial.println("* is your wiring correct?");
    //串口监视器显示文本并换行，你有没有改变芯片选择端口以适合你的模块
    Serial.println("* did you change the chipSelect pin to match your shield or module?");
    while (1);//无限循环
  } else {
    //串口监视器显示文本并换行，接线正确，SD 卡已准备好
    Serial.println("Wiring is correct and a card is present.");
  }
  if (!volume.init(card)) {
    //串口监视器显示文本并换行，找不到 SD 卡 FAT16/FAT32 分区，你确定格式化这张 SD 卡吗
    Serial.println("Could not find FAT16/FAT32 partition.\nMake sure you've formatted the card");
    while (1);//无限循环
  }
  Serial.println("Files found on the card (name, date and size in bytes): ");
  //串口监视器显示文本并换行，找到 SD 卡上的文件名称、日期、大小
  root.openRoot(volume);//列表显示 SD 卡内文件目录
  root.ls(LS_R | LS_DATE | LS_SIZE);//列表显示 SD 卡内文件名称、日期、大小
}
void loop(void) {}
```

代码六：获取 GPS 时间、经度、纬度信息并存储到文件 GPSdata.txt 内。

```cpp
#include <SD.h>//定义头文件，这是读写 SD 卡库函数文件
#include <SoftwareSerial.h>//定义头文件，这是 Arduino 软件模拟串口通信库函数文件
```

```
//卫星定位模块的 TX 端接 Arduino Uno 开发板的数字端口 9
//卫星定位模块的 RX 端接 Arduino Uno 开发板的数字端口 10
SoftwareSerial gps(9, 10);
String gngga = "";  //定义字符串变量
String info[2];//定义字符串数组
int commaPosition = -1;//定义整型变量（位置）
String getGPSA();//定义获取 GPS 信息函数
File myFile;//定义 File 类对象名为 myFile
String tr = "GPSdata.txt";//定义字符型变量
void setup() {
  Serial.begin(9600);//打开串口，设置数据传输速率为 9600bit/s
  //等待串口连接
  while (!Serial) {
    ;
  }
  gps.begin(9600);//打开软串口，设置数据传输速率为 9600bit/s
  Serial.print("Initializing SD card...");//串口监视器显示文本，初始化 SD 卡
  if (!SD.begin(4)) {//如果 SD.begin(4)=0
    //串口监视器显示文本并换行，初始化失败
    Serial.println("initialization failed!");
    return;//返回
  }
  Serial.println("initialization done.");//串口监视器显示文本并换行，完成初始化
  if (SD.exists(tr)) {//如果 SD 卡内存在文件
    Serial.println(tr + " exists.");//串口监视器显示存在文件
  }
  else {
    Serial.println(tr + " doesn't exists.");//串口监视器显示不存在文件
  }
  myFile = SD.open(tr, FILE_WRITE);//打开文件，如果没有自动创建，写入状态
  myFile.close();//关闭文件
}
void loop() {
  //$GNGGA,145631.000,3956.47612,N,11611.71304,E,1,09,2.7,66.8,M,0.0,M,,*4A
  gngga = "";//字符串变量清空
  while (gps.available() > 0) {
    //如果串口接收到数据，则执行下面的语句；如果未接收到数据，则跳出循环
    gngga += char(gps.read());//读取串口数据
    delayMicroseconds (800) ;//延时 800μs
  }
  if (gngga.length() > 0) {//如果串口接收到的数据字符串变量长度大于 0
```

```
    // Serial.println(gngga);//串口监视器显示文本并换行
    for (int i = 0; i < 2; i++) {
      //字符串值'E'在字符串中首次出现的位置赋值给变量(位置)
      commaPosition = gngga.indexOf('E');
      if (commaPosition != -1)     {//如果变量不等于-1
        //截取从位置 0 到变量数之间字符串
        info[i] = gngga.substring(0, commaPosition);
      }
      else {
        if (gngga.length() > 0) { //如果字符串变量长度大于 0
          //截取从位置 0 到变量数之间字符串
          info[i] = gngga.substring(0, commaPosition);
          gngga = "";//字符串变量清空
        }
      }
    }
    Serial.println(info[1]);//串口监视器显示文本并换行
    //打开 GPSdata.txt 文件，读写状态，位置在文件末尾
    File dataFile = SD.open(tr, FILE_WRITE);
    if (dataFile) {//如果数据文件打开
      dataFile.println(info[1]);//写入数据字符串到数据文件
      dataFile.close();//关闭数据文件
    }
    else {//如果数据文件未打开
      Serial.println("error opening " + tr);//串口监视器显示打开文件时出错
    }
  }
}
String getGPSA() {//获取 GPS 信息函数
  return info[1];//返回
}
```

（2）实验结果。

将电路板 AN27 安装到 Arduino Uno 开发板上，用方头 USB 数据线将开发板 Arduino Uno 与计算机连接起来，在 Arduino IDE 编程界面中输入代码一，编译并将其上传到 Arduino Uno 开发板中，单击菜单栏中的"工具"→"串口监视器"，设置波特率为"9600"（位于窗口右下方），设置输出格式为"NL"和"CR"（位于波特率设置处左侧），串口监视器将打开并显示文件 datalog.txt 内的所有信息。特别说明：如果 SD 卡内没有文件 datalog.txt，那么该程序打开文件时将出错。

将代码二上传到 Arduino Uno 开发板中，串口监视器将显示模拟端口 A0、A1、A2

的值，并自动地将模拟端口 A0、A1、A2 的值保存到 TF 卡内文件 datalog.txt 中（每秒保存 1 次数据）。特别说明：如果 SD 卡内没有文件 datalog.txt，那么该程序创建文件 datalog.txt。

将代码三上传到 Arduino Uno 开发板中，该程序将在 SD 卡内创建文件 datalog.txt。特别说明：如果 TF 卡内已经存在 datalog.txt，那么该程序不保留原文件。

将代码四上传到 Arduino Uno 开发板中，该程序将删除 SD 卡内文件 datalog.txt。

将代码五上传到 Arduino Uno 开发板中，串口监视器将显示 SD 卡内文件目录列表，显示 SD 卡内文件，以及 SD 卡内文件名称、日期、大小信息。

将代码六上传到 Arduino Uno 开发板中，串口监视器将显示获取 GPS 时间、经度、纬度信息，每秒更新一次，并自动存储到文件 GPSdata.txt 内。

27.5 拓展与挑战

代码上传成功后，将电路板 AN27 安装到 Arduino Uno 开发板上，并接通电源，串口监视器将显示模拟端口 A0 的值，并自动地将模拟端口 A0 的值保存到 TF 卡内文件 datalog.txt 中（每秒保存 1 次数据）。

实验 28 声控播放器

声控播放器是基于语音识别技术的音乐播放器。

28.1 实验描述

运用 Arduino Uno 开发板编程控制语音识别模块 LD3320 和 mp3 播放模块 MP3-TF-16P,以语音控制方式让声控播放器自动开始播放音乐、暂停播放音乐、随机播放音乐、播放下一曲等。声控播放器电原理图、电路板图、实物图、流程图如图 28.1 所示。

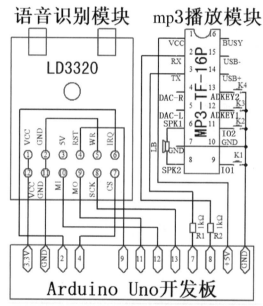
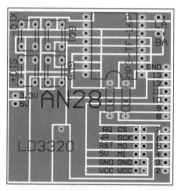

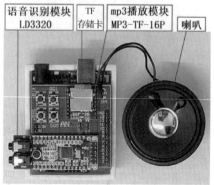

图 28.1 声控播放器电原理图、电路板图、实物图、流程图

实验 28　声控播放器

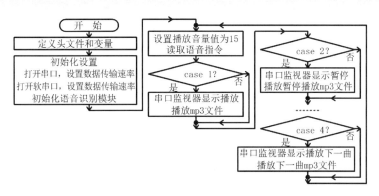

图 28.1　声控播放器电原理图、电路板图、实物图、流程图（续）

28.2　知识要点

（1）mp3 播放模块 MP3-TF-16P。

mp3 播放模块 MP3-TF-16P 体积小巧且价格低廉，可以直接接喇叭播放 mp3、wav 格式音乐，可支持最大存储量为 32GB 的 TF 存储卡，最多支持 100 个文件夹，每个文件夹可以分配 255 首曲目，具有 30 级音量调节，6 级 EQ 调节，24 位 DAC 输出，动态范围为 90dB，信噪比为 85dB。通过按键、简单的串口指令即可实现播放指定的音乐，使用方便，稳定可靠。该模块可用于车载导航语音播报，公路运输稽查，收费站语音提示，火车站、汽车站安全检查语音提示，电动观光车安全行驶语音告示，自动广播设备，定时播报等。

mp3 播放模块 MP3-TF-16P 的外形尺寸为 20.5mm×20.3mm，工作电压为 3.3～5V，设有 VCC（接电源正极，3.3～5V），RX（串口输入，接单片机 TX），TX（串口输出，接单片机 RX），DAC-R（音频输出右声道给耳机），DAC-L（音频输出左声道给耳机），SPK2（接喇叭），GND（2 个，接电源地），SPK1（接喇叭），IO1（短时间接地播放下一曲，长时间接地音量减小），IO2（短时间接地播放上一曲，长时间接地音量增大），ADKEY1（短时间接地播放第 1 首歌曲，长时间接地循环播放第 1 首歌曲），ADKEY2（短时间接地播放第 5 首歌曲，长时间接地循环播放第 5 首歌曲），USB+（接计算机 USB 接口），USB-（接计算机 USB 接口），BUSY（播放状态，有音频时电压为 0V，无音频时电压为 3.3V）共 16 个端口。

mp3 播放模块 MP3-TF-16P 自带 1 个 LED，当播放音乐时，LED 常亮；带 8002 功放，采用 BTL 输出，最大输出功率为 3W；带 USB 接线引脚。该模块播放音乐时最低电压为 3.7V，最高电压为 5.2V。

（2）mp3 播放模块 MP3-TF-16P 使用方法。

将 mp3 播放模块 MP3-TF-16P 安装到电路板 AN28 上，mp3 播放模块的 TX 与 RX 分别通过 1kΩ 的电阻器与 Arduino Uno 开发板的数字端口 7 和 8 连接，原因是 mp3 播放

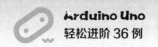

模块的 RX 接收电压为 3.3V，而 Arduino Uno 开发板的 TX 发送电压为 5V，串联 1kΩ 电阻器可以起到分压的作用。否则，mp3 播放模块工作不正常，在播放音乐时喇叭可能会有杂音。

关于音频文件与 TF 存储卡，据资料介绍，建议 TF 存储卡以 FAT16 或 FAT32 格式格式化，将所有音乐文件存放在名为 mp3 的文件夹内，存放到 TF 存储卡中，而且音乐文件格式必须是 0001.mp3 或 0001***.mp3，文件名开始四位必须是数字，从第五位开始可以是数字、英文字母、汉字，文件类型必须是 mp3、wav。

28.3 编程要点

（1）语句 mp3_set_serial (mySerial);表示设置 mp3 播放模块串口。

语句 mp3_set_volume (i);表示设置播放音量值为 i。

语句 mp3_set_EQ (z);表示设置播放音效值为 z。

语句 mp3_play ();表示播放歌曲。

语句 mp3_play (1);表示播放歌曲 1。

语句 mp3_pause ();表示暂停播放歌曲。

语句 mp3_random_play ();表示随机播放。

语句 mp3_next ();表示播放下一曲。

语句 mp3_prev ();表示播放上一曲。

（2）语句 if (a == true) {a = !a;}表示如果 a == true（真），那么 a = !a==flase（假）。

28.4 程序设计

（1）程序参考。

```
int i = 30;//初始化播放音量值
int z = 0;//初始化播放音效值
boolean a = true;//初始化播放逻辑设置
#include <ld3320.h>//定义头文件，这是语音识别模块 LD3320 库函数文件
VoiceRecognition Voice;//声明一个语音识别对象
#include <DFPlayer_Mini_Mp3.h>//定义头文件，这是 mp3 播放模块库函数文件
#include <SoftwareSerial.h>//定义头文件，这是 Arduino 软件模拟串口通信库函数文件
//mp3 播放模块的 TX 端接 Arduino Uno 开发板的数字端口 7
//mp3 播放模块的 RX 端接 Arduino Uno 开发板的数字端口 8
SoftwareSerial mySerial(7, 8);
void setup () {
  Serial.begin (9600);//打开串口，设置数据传输速率为 9600bit/s
```

```
  mySerial.begin (9600);//打开软串口,设置数据传输速率为9600bit/s
  mp3_set_serial (mySerial);//设置mp3播放模块串口
  delay(1);//延时1ms
  mp3_set_volume (i);//初始化播放音量值
  mp3_set_EQ (z);//初始化播放音效值
  Serial.println("开始语音识别!");//串口监视器显示文本并换行
  Voice.init();//初始化语音识别模块
  Voice.addCommand("kai", 1);//添加语音指令内容与标签
  Voice.addCommand("guan", 2);//添加语音指令内容与标签
  Voice.addCommand("fang", 3);//添加语音指令内容与标签
  Voice.addCommand("huan", 4); //添加语音指令内容与标签
  Voice.start();//开始语音识别
}
void loop () {
  if (i > 15) {
    i = i - 1;
    mp3_set_volume (i);//设置播放音量值为15
  }
  switch (Voice.read()) {//读取语音指令,识别判断
    case 1:
      Serial.println("开始播放");//串口监视器显示文本并换行
      if (a == true) {
        a = !a;
      }
      mp3_play ();//播放
      break;
    case 2:
      Serial.println("暂停播放");//串口监视器显示文本并换行
      if (a == true) {
        a = !a;
      }
      mp3_pause ();//暂停
      break;
    case 3:
      Serial.println("随机播放");//串口监视器显示文本并换行
      if (a == true) {
        a = !a;
      }
      mp3_random_play ();//随机播放
      break;
    case 4:
```

```
        Serial.println("播放下一曲");//串口监视器显示文本并换行
        if (a == true) {
          a = !a;
        }
        mp3_next ();//下一曲
        break;
      default:
        delay(100);//延时100ms
        break;
    }
  }
}
```

（2）实验结果。

代码上传成功后，将电路板 AN28 安装到 Arduino Uno 开发板上，并接通电源，对着语音识别模块以较慢速度说"开""关""放""换"，声控播放器将实现"开始播放音乐""暂停播放音乐""随机播放音乐""播放下一曲"。请注意：说话声音要大一些，语速要慢一些，喇叭播放声音要小一些。

28.5　拓展与挑战

代码上传成功后，将电路板 AN28 安装到 Arduino Uno 开发板上，并接通电源，对着语音识别模块以较慢的速度说"1""上"，声控播放器将实现"播放歌曲 1""播放上一曲"，让播放声音稍大一些。

提示：

播放歌曲 1 的语句是 mp3_play (1);。

播放上一曲的语句是 mp3_prev ();。

设置音量值为 18 的语句是 if (i > 18) {i = i - 1; mp3_set_volume (i);}。

实验 29　无线遥控车

无线遥控是指采用非接触方式控制被控目标，相比有线控制具有可自由移动控制、无空间约束、无须布线等突出优点，广泛应用于家电控制、工业控制、航空航天控制等。随着电子技术与单片机技术的飞速发展，无线遥控技术现已广泛应用于人们的日常生活和学生的科技活动。无线遥控种类有很多，按传输控制指令信号的载体可分为无线电遥控、红外线遥控、超声波遥控、蓝牙遥控、物联网遥控等，按同一时间能够传输的指令数目可分为单路遥控和多路遥控，按指令信号对被控目标的控制技术可分为开关型遥控和比例型遥控。

无线遥控车由无线遥控器、玩具小车、主控模块、无线通信模块、电机驱动模块和电源组成，运用无线遥控器可控制玩具小车前进、后退、左转、右转。无线遥控车具有体积小、成本低、操作简单、控制距离远、功能可拓展等优点。例如，给玩具小车加装摄像头，可实现远程拍照、摄像；给玩具小车加装传感器，可以进行远程实时数据采集等。无线遥控车受到广大车模玩家的喜爱，在军事、反恐、防爆、防核化及污染等领域中也有着广阔的应用前景。

29.1　实验描述

运用 Arduino Uno 开发板编程控制四路无线电发射接收模块和双电机驱动模块使玩具小车前进、后退、左转、右转。无线遥控车电原理图、电路板图、实物图、流程图如图 29.1 所示。

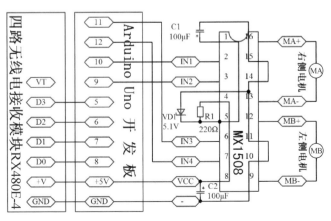

图 29.1　无线遥控车电原理图、电路板图、实物图、流程图

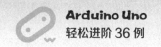

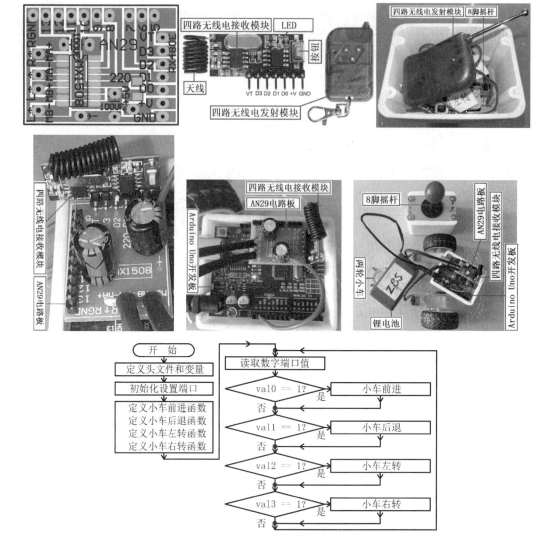

图 29.1 无线遥控车电原理图、电路板图、实物图、流程图（续）

29.2 知识要点

（1）四路无线电发射接收模块。

四路无线电发射接收模块由四路无线电发射模块 KT02-117S-4 和四路无线电接收模块 RX480E-4 组成，工作频率为 433MHz，遥控距离大于 100m（空旷地实测）。当按下遥控器按键 0、1、2、3 时，接收模块上对应的引脚 D0、D1、D2、D3 输出高电平；当遥控器按键没有被按下时，接收模块上对应的引脚 D0、D1、D2、D3 输出低电平。

四路无线电发射接收模块使用方法如下。

第一步：清除对码。按 8 次四路无线电接收模块上的按钮，接收模块上的 LED 熄灭，然后接收模块上的 LED 闪亮 8 次，表示清除对码完毕。如果 LED 不亮、无反应，则很可能是因为 LED 坏了，或电源供电不足，建议使用 5V/2A 直流电源供电。

第二步：学习对码。按 1 次四路无线电接收模块上的按钮，接收模块上的 LED 点亮。按下遥控器上的任意按键，接收模块接收到信号后，接收模块上的 LED 闪亮 3 次，然后熄灭，表示学习对码成功。

（2）双电机驱动模块。

双电机驱动模块的核心器件是 MX1508 集成电路，MX1508 集成电路是一款二路直流电机驱动芯片，采用 SOP16 封装，供电电压为 2～10V，每路直流电机驱动电流为 1.5A，峰值电流为 2.5A，具有热保护功能，信号输入电压为 1.8～7V。芯片第 2、3 引脚的电平高低可控制连接在第 13、16 引脚上的直流电机的正反转或停止转动，芯片第 6、7 引脚的电平高低可控制连接在第 9、12 引脚上的直流电机的正反转或停止转动。注意：供电电压超过 10V，电源正负极反接会导致 MX1508 集成电路发热烧毁。

（3）8 脚摇杆。

8 脚摇杆由球头、手柄操纵杆、面板、4 个微动开关、8 个引脚和外壳组成，常用于动漫或游戏角色的前、后、左、右方向操控，以及玩具小车和机床的前、后、左、右方向操控。例如，向前推球头，手柄操纵杆将向后压后方的微动开关，与之相连的 2 个引脚导通，通过编程方式可使操控对象产生向前的动作。

29.3　编程要点

（1）语句　val0 = digitalRead(5);　if (val0 == 1) { forward(); }表示读取数字端口 5 的值给变量 val0，如果变量 val0==1，则执行语句 forward();，小车前进。由无线遥控车电原理图（见图 29.1）可知，Arduino Uno 开发板的数字端口 5 与四路无线电接收模块的 D3 连接，val0== 1 表示四路无线电接收模块的 D3 输出高电平，四路无线电发射模块的按钮 3 按下，可实现小车前进功能。

（2）

```
void   forward() {
  digitalWrite(pinleft1, 0); digitalWrite(pinleft2, 1);//左侧电机（MB）前进
  digitalWrite(pinright1, 0); digitalWrite(pinright2, 1);//右侧电机（MA）前进
  delay(100);//延时100ms
  digitalWrite(pinleft2, 0); digitalWrite(pinright2, 0);
}
```

该语句表示左侧电机和右侧都前进，因此整个小车呈现前进状态。

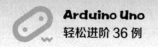

29.4 程序设计

(1) 参考程序。

```
int val0 = 0;int val1 = 0;int val2 = 0;int val3 = 0;
#define    pinleft1    12//左侧电机引脚1接数字端口12
#define    pinleft2    11//左侧电机引脚2接数字端口11
#define    pinright1   9//右侧电机引脚1接数字端口9
#define    pinright2   10//右侧电机引脚2接数字端口10
void   setup() {//设置电机引脚端口为输出模式
  pinMode(pinleft1, OUTPUT);
  pinMode(pinleft2, OUTPUT);
  pinMode(pinright1, OUTPUT);
  pinMode(pinright2, OUTPUT);
}
void   loop() {//读取数字端口值
  val0 = digitalRead(5);
  val1 = digitalRead(6);
  val2 = digitalRead(7);
  val3 = digitalRead(8);
  if (val0 == 1) {//如果val0 == 1,即数字端口5为高电平
    forward() ;//小车前进
  }
  if (val1 == 1) {//如果val1 == 1,即数字端口6为高电平
    back();//小车后退
  }
  if (val2 == 1) {//如果val2 == 1,即数字端口7为高电平
    left();//小车左转
  }
  if (val3 == 1) {//如果val3 == 1,即数字端口8为高电平
    right();//小车右转
  }
}
void   forward() {//小车前进
  digitalWrite(pinleft1, 0);
  digitalWrite(pinleft2, 1);//左侧电机(MB)前进
  digitalWrite(pinright1, 0);
  digitalWrite(pinright2, 1);//右侧电机(MA)前进
  delay(100);//延时100ms
  digitalWrite(pinleft2, 0);
  digitalWrite(pinright2, 0);
}
```

实验 29 无线遥控车

```
void  back() {//小车后退
  digitalWrite(pinleft1, 1);
  digitalWrite(pinleft2, 0);//左侧电机（MB）后退
  digitalWrite(pinright1, 1);
  digitalWrite(pinright2, 0);//右侧电机（MA）后退
  delay(100);//延时100ms
  digitalWrite(pinleft1, 0);
  digitalWrite(pinright1, 0);
}
void  left() {//小车左转
  digitalWrite(pinleft1, 1);
  digitalWrite(pinleft2, 0);//左侧电机（MB）后退
  digitalWrite(pinright1, 0);
  digitalWrite(pinright2, 1);//右侧电机（MA）前进
  delay(50);//延时50ms
  digitalWrite(pinleft1, 0);
  digitalWrite(pinright2, 0);
  delay(500);//延时500ms
}
void  right() {//小车右转
  digitalWrite(pinleft1, 0);
  digitalWrite(pinleft2, 1);//左侧电机（MB）前进
  digitalWrite(pinright1, 1);
  digitalWrite(pinright2, 0);//右侧电机（MA）后退
  delay(50);//延时50ms
  digitalWrite(pinleft2, 0);
  digitalWrite(pinright1, 0);
  delay(500);//延时500ms
}
```

（2）实验结果。

代码上传成功后，将电路板 AN29 安装到 Arduino Uno 开发板上，并接通电源，向前推摇杆，小车前进 100ms 后停止；向后拉摇杆，小车后退 100ms 后停止；向左推摇杆，小车左转 100ms，停止 500ms；向右推摇杆，小车右转 100ms，停止 500ms。

29.5 拓展与挑战

代码上传成功后，将电路板 AN29 安装到 Arduino Uno 开发板上，并接通电源，向前推摇杆，小车一直前进；向后拉摇杆，小车后退 100ms 后停止；向左推摇杆，小车左转 100ms，停止 500ms；向右推摇杆，小车右转 100ms，停止 500ms。

实验 30　蓝牙调光灯

蓝牙调光灯运用蓝牙模块连接手机，通过手机 App 控制灯的亮暗与颜色。

30.1　实验描述

运用 Arduino Uno 开发板编程控制，通过手机 App 连接蓝牙模块 HC-05 控制七彩发光环模块 WS2812-8 的亮暗与颜色。蓝牙调光灯电原理图、电路板图、实物图、流程图如图 30.1 所示。

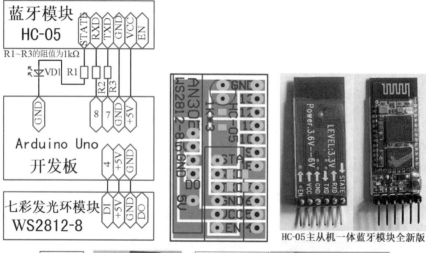

图 30.1　蓝牙调光灯电原理图、电路板图、实物图、流程图

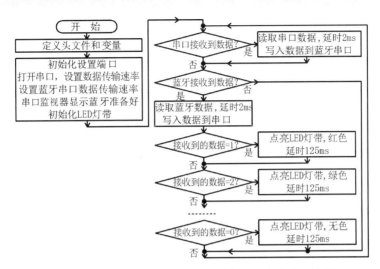

图 30.1　蓝牙调光灯电原理图、电路板图、实物图、流程图

30.2　知识要点

（1）蓝牙。

蓝牙（Bluetooth）是一种短距离（一般为 10m 内）无线通信技术，能在设备与设备（包括手机、PDA、无线耳机、笔记本电脑及相关外设等众多设备）之间实现无线交换数据和语音信息，具有无线通信、全球通用、传输距离较短、适用设备多、兼容性较好、抗干扰能力强、低成本、低功耗、方便快捷、灵活安全等特点，是无线个人区域网络通信的主流技术之一。蓝牙的无线电波频段为 2.4～2.485GHz，属于 ISM 波段（工业、科学、医学频段）UHF（超高频）无线电波，使用 IEEE 802.15 协议。

蓝牙技术广泛应用于手机文件蓝牙传输与打印、手机蓝牙音箱、汽车蓝牙免提通信、汽车车载蓝牙娱乐系统、汽车蓝牙防盗系统、汽车蓝牙车辆远程诊断、重症病人蓝牙监护、蓝牙听诊器、蓝牙防丢器、蓝牙调光灯等。

（2）蓝牙模块 HC-05。

蓝牙模块 HC-05 是一款主从机一体、蓝牙转串口通信模块，该模块本身可以在主模式和从模式下运行，可用于智能家居、远程控制、数据记录、机器人、监控系统等。该模块设有 STATE、RXD、TXD、GND、VCC、EN 共 6 个引脚。其中，STATE 为蓝牙连接状态指示端，蓝牙模块连接成功，此引脚为高电平，反之此引脚为低电平；RXD 为接收端，TXD 为发送端，它们的工作电压都为 3.3V；GND 为电源负极；VCC 为电源正极，供电电压为 3.3～6.0V；EN 为使能端，接 3.3V 进入 AT 指令模式，也可以不连接。

该模块的外形尺寸为 28mm×15mm×2.35mm，工作电压为 3.3V，供电电压为 3.3～6.0V，工作电流为 30mA，最大传输距离为 10m，默认密码为 1234 或 0000，支持波特率 9600bit/s、19200bit/s、38400bit/s、57600bit/s、115200bit/s、230400bit/s、460800bit/s，使

用 IEEE 802.15.1 协议，支持使用标准 AT 命令。用户在模块启动时，必须先常按轻触开关进入 AT 指令模式，否则模块启动后将自动进入数据透传模式，与其他设备进行无线通信。

（3）AT 指令模式。

AT 指令模式是指 Arduino Uno 开发板与蓝牙模块之间进行通信，此模式用于设置蓝牙模块的名称、密码、工作模式等参数。AT 指令模式通信格式：模块波特率为 38400bit/s，8 位数据位、1 位停止位、无奇偶校验。

（4）数据透传模式。

数据透传模式是指 Arduino Uno 开发板通过蓝牙模块与其他蓝牙设备（如手机）进行一应一答的通信。蓝牙模块参数设置完毕，先断开蓝牙模块电源，再接通蓝牙模块电源，蓝牙模块上的红色指示灯快速闪烁（每秒闪烁 2 次），这表示蓝牙模块已经进入数据透传模式，Arduino Uno 开发板与其他蓝牙设备（如手机）之间可进行无线通信（如通过手机蓝牙控制 Arduino Uno 开发板上的 LED）。当手机蓝牙与蓝牙模块连接后，蓝牙模块上的红色指示灯变为双闪（每 2s 快速闪烁 2 次），蓝牙模块上的引脚 STATE 输出高电平。

（5）蓝牙模块 HC-05 电路连接方法。

蓝牙模块 HC-05 是串口通信模块，蓝牙模块上的 RXD 引脚只能接收电压为 3.3V 数据信号，Arduino Uno 开发板上的 TX 端口发送的数据信号电压为 5V，为避免烧毁蓝牙模块，本实验在蓝牙模块上的 RXD 和 TXD 引脚上分别串联 1 个 1kΩ 电阻器，然后连接到 Arduino Uno 开发板上的 TX 和 RX 端口，经实验证明，蓝牙模块工作无异常。

将蓝牙模块 HC-05 安装到电路板 AN30 上，将电路板 AN30 安装到开 Arduino Uno 开发板上，用方头 USB 数据线将 Arduino Uno 开发板与计算机连接起来。

（6）蓝牙模块 HC-05 参数设置方法。

第一步：按住蓝牙模块 HC-05 上的轻触开关，先断开蓝牙模块电源，再接通蓝牙模块电源，蓝牙模块上的红色指示灯每 2s 闪烁 1 次，然后松开轻触开关，此时蓝牙模块已经进入 AT 指令模式。

特别说明：蓝牙模块 HC-05 上的轻触开关在排针附近，拔出方头 USB 数据线，断开 Arduino Uno 开发板与计算机的连接，即可断开蓝牙模块电源，重新插接方头 USB 数据线即可接通蓝牙模块电源。

第二步：在 Arduino IDE 编程界面中输入以下参考程序，编译并将其上传到 Arduino Uno 开发板中。

```
#include <SoftwareSerial.h>//定义头文件，这是 Arduino 软件模拟串口通信库函数文件
//蓝牙模块 HC-05 的 TXD 端接 Arduino Uno 开发板的数字端口 7
//蓝牙模块 HC-05 的 RXD 端接 Arduino Uno 开发板的数字端口 8
SoftwareSerial BT(7, 8);
```

实验 30　蓝牙调光灯

```
char val;//定义字符型变量val
void setup() {
  Serial.begin(38400);//打开串口（默认为开发板串口），设置数据传输速率为38400bit/s
  Serial.println("Bluetooth is ready!");//串口监视器显示文本并换行
  BT.begin(38400);//设置蓝牙模块串口数据传输速率为38400bit/s
}
void loop() {
  if (Serial.available()) {//如果串口接收到了数据
    val = Serial.read();//读取串口数据给val
    BT.print(val);//输出数据val给蓝牙串口
  }
  if (BT.available()) {//如果蓝牙串口接收到了数据
    val = BT.read();//读取蓝牙串口数据给val
    Serial.print(val);//输出数据到串口，输出变量val值
  }
}
```

特别说明：蓝牙模块串口数据传输速率与开发板串口数据传输速率必须设置为38400bit/s。

第三步：单击菜单栏中的"工具"→"串口监视器"，设置波特率为"38400"（位于窗口右下方），设置输出格式为"NL"和"CR"（位于波特率设置处左侧），串口监视器将显示"Bluetooth is ready!"。

第四步：在串口监视器窗口第一行处输入"AT"，然后单击串口监视器窗口第一行右侧的"发送"按钮，串口监视器将显示"OK"（或者显示"ERROR:(0)"），表示蓝牙模块工作正常；输入"at+orgl"，串口监视器显示"OK"，恢复蓝牙模块参数为默认参数。工作角色：从模式。连接模式：指定专用蓝牙设备连接模式。通信格式：串口波特率为38400bit/s，8位数据位、1位停止位、无奇偶校验。配对密码：1234。设备名称：H-C-2010-06-01。

查询蓝牙模块工作角色的方法为输入"at+role?"，单击"发送"按钮。

设置蓝牙模块工作角色的方法为输入"at+role=0"或输入"at+role=1"，单击"发送"按钮。0表示工作模式为从模式，蓝牙模块在从模式下（又叫从机）只能等主机连接自己，只能被主机搜索，而不能主动连接主机，也不能主动搜索主机，从机和主机连接以后，可以接收数据，也可发送数据给主机；1表示工作模式为主模式。

查询蓝牙模块连接模式的方法为输入"at+cmode?"，单击"发送"按钮。

设置蓝牙模块连接模式的方法为输入"AT+CMODE=0"或输入"AT+CMODE=1"，单击"发送"按钮。0表示蓝牙模块与指定蓝牙地址连接；1表示蓝牙模块与任意蓝牙地址连接，蓝牙模块也可以与任意蓝牙设备连接。

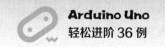

查询蓝牙模块连接地址的方法为输入"at+addr?",单击"发送"按钮。

查询蓝牙模块通信格式的方法为输入"at+uart?",单击"发送"按钮。

设置蓝牙模块通信格式的方法为输入"AT+UART=9600,0,0",单击"发送"按钮。

查询蓝牙模块配对密码的方法为输入"at+pswd?",单击"发送"按钮。

设置蓝牙模块配对密码的方法为输入"AT+PSWD=0000",单击"发送"按钮。

查询蓝牙模块名称的方法为输入"at+name?",单击"发送"按钮。

设置蓝牙模块名称的方法为输入"at+name="HC-05"",单击"发送"按钮。

进入 AT 指令模式后,上述操作不需要断电进行。注意:在输入上述指令时,应在英文输入法状态下输入,字母不区分大小写。

(7)通过手机 App 控制七彩发光环模块 WS2812-8 的亮暗与颜色的方法。

第一步:在 Arduino IDE 编程界面中输入参考程序,编译并将其上传到 Arduino Uno 开发板中。

第二步:打开 Android 手机上的蓝牙开关,搜索并连接蓝牙模块 HC-05,输入密码 "1234"或"0000"进行配对。

第三步:在 Android 手机上安装蓝牙串口调试 App(只要是蓝牙串口软件就行),打开该 App,输入字符"1"并发送,七彩发光环模块点亮 8 只红色 LED;分别输入字符 "2"至"7"并发送,七彩发光环模块相应地点亮 8 只绿色、蓝色、黄色、青色、紫色、白色 LED;输入字符"8",七彩发光环模块点亮 4 只 LED;输入字符"9",七彩发光环模块点亮 1 只 LED;输入字符"0",七彩发光环模块熄灭所有 LED。

30.3　编程要点

(1)语句#include <SoftwareSerial.h>表示定义软件串口头文件。SoftwareSerial.h 是 Arduino 软件模拟串口通信库函数文件,可以将其他数字引脚通过程序模拟成串口通信引脚。

语法:

```
SoftwareSerial mySerial= SoftwareSerial(rxPin, txPin)
SoftwareSerial mySerial(rxPin, txPin)
```

参数:

mySerial 为用户自定义软件串口对象。

rxPin 为软串口接收引脚。

txPin 为软串口发送引脚。

(2)语句 SoftwareSerial BT(7, 8);表示运用软件串口通信的库设置串口通信引脚。括号内前者为接收引脚,后者为发送引脚。虽然 Arduino Uno 开发板有串口 RX、TX 引脚,

实验 30 蓝牙调光灯

即 Arduino Uno 开发板的数字端口 0 为串口接收引脚 RX，数字端口 1 为串口发送引脚 TX，但是为了避免 Arduino Uno 开发板调试烧录程序时串口冲突，运用 SoftwareSerial 类的构造函数，指定 Arduino Uno 开发板上普通数字引脚为串口通信引脚。

特别说明：软串口接收引脚 7 连接蓝牙模块 HC-05 的发射引脚 TXD，软串口发送引脚 8 连接蓝牙模块 HC-05 的接收引脚 RXD。

（3）语句 strip.setBrightness(50);用于设置 LED 亮度值为最大值（255）的约 1/5。若改 50 为 255，则 LED 亮度值为最大值。

（4）语句 strip.setPixelColor(i, 0, 0, 0);用于设置第 i 个 LED 的 RGB 值为 (0, 0, 0)，即 LED 呈现不发光状态，不显示颜色。

30.4 程序设计

（1）参考程序。

```
#include <SoftwareSerial.h>//定义头文件，这是 Arduino 软件模拟串口通信库函数文件
//定义头文件，这是智能控制 LED 光源 WS2812-8 库函数文件
#include <Adafruit_NeoPixel.h>
#define led_numbers 8//定义智能控制 LED 光源数量
#define PIN 4//定义智能控制 LED 光源输入端引脚为数字端口 4
//NEO_GRB + NEO_KHZ800 为像素类型标志
//NEO_KHZ800 是大多数 LED 灯带驱动类型
//NEO_GRB 是大多数 LED 灯带像素显示类型
Adafruit_NeoPixel strip = Adafruit_NeoPixel(led_numbers, PIN, NEO_GRB + NEO_KHZ800);
byte   send_data;//定义字节型变量
char   rece_data;//定义字符型变量
//蓝牙模块 HC-05 的 TXD 端接 Arduino Uno 开发板的数字端口 7
//蓝牙模块 HC-05 的 RXD 端接 Arduino Uno 开发板的数字端口 8
SoftwareSerial BT(7, 8);
void setup() {
  pinMode(4, OUTPUT);//设置数字端口 4 为输出模式
//打开串口（默认为开发板串口），设置数据传输速率为 9600bit/s
Serial.begin(9600);//请注意此处数据传输速率不可以设置成 38400bit/s
  BT.begin(9600);//设置蓝牙模块串口数据传输速率为 9600bit/s
  Serial.println("Bluetooth is ready!");//串口监视器显示文本并换行
  strip.begin();//初始化 LED 灯带
  strip.setBrightness(50);//设置亮度值为最大值（255）的约 1/5
}
void  loop() {
```

```
if (Serial.available() > 0) {//如果串口接收到了数据
  send_data = Serial.read();//读取串口数据给变量send_data
  delay(2);//延时2ms
  BT.write(send_data);//写入数据到蓝牙串口
}
if (BT.available() > 0) {//如果蓝牙串口接收到了数据
  rece_data = (char)BT.read();//读取蓝牙串口数据给变量rece_data
  delay(2);//延时2ms
  Serial.write(rece_data);  //写入数据到串口
  if (rece_data == '1') {//如果蓝牙串口接收到的数据为字符1
    for (int i = 0; i < 8; i++) {
      strip.setPixelColor(i, 255, 0, 0);//设置LED的RGB值为红色
      strip.show();//点亮LED灯带
      delay(125);//延时125ms
    }
  }
  if (rece_data == '2') {//如果蓝牙串口接收到的数据为字符2
    for (int i = 0; i < 8; i++) {
      strip.setPixelColor(i, 0, 255, 0);//设置LED的RGB值为绿色
      strip.show();//点亮LED灯带
      delay(125);//延时125ms
    }
  }
  if (rece_data == '3') {//如果蓝牙串口接收到的数据为字符3
    for (int i = 0; i < 8; i++) {
      strip.setPixelColor(i, 0, 0, 255);//设置LED的RGB值为蓝色
      strip.show();//点亮LED灯带
      delay(125);//延时125ms
    }
  }
  if (rece_data == '4') {//如果蓝牙串口接收到的数据为字符4
    for (int i = 0; i < 8; i++) {
      strip.setPixelColor(i, 255, 255, 0);//设置LED的RGB值为黄色
      strip.show();//点亮LED灯带
      delay(125);//延时125ms
    }
  }
  if (rece_data == '5') {//如果蓝牙串口接收到的数据为字符5
    for (int i = 0; i < 8; i++) {
      strip.setPixelColor(i, 0, 255, 255);//设置LED的RGB值为青色
      strip.show();//点亮LED灯带
```

```
      delay(125);//延时 125ms
    }
  }
  if (rece_data == '6') {//如果蓝牙串口接收到的数据为字符 6
    for (int i = 0; i < 8; i++) {
      strip.setPixelColor(i, 255, 0, 255);//设置 LED 的 RGB 值为紫色
      strip.show();//点亮 LED 灯带
      delay(125);//延时 125ms
    }
  }
  if (rece_data == '7') {//如果蓝牙串口接收到的数据为字符 7
    for (int i = 0; i < 8; i++) {
      strip.setPixelColor(i, 255, 255, 255);//设置 LED 的 RGB 值为白色
      strip.show();//点亮 LED 灯带
      delay(125);//延时 125ms
    }
  }
  if (rece_data == '8') {//如果蓝牙串口接收到的数据为字符 8
    for (int i = 0; i < 8; i += 2) {//点亮 4 只 LED
      strip.setPixelColor(i, 0, 0, 0);//设置 LED 的 RGB 值为无色
      strip.show();//点亮 LED 灯带
      delay(125);//延时 125ms
    }
  }
  if (rece_data == '9') {//如果蓝牙串口接收到的数据为字符 9
    for (int i = 0; i < 7; i++) {//点亮 1 只 LED
      strip.setPixelColor(i, 0, 0, 0);//设置 LED 的 RGB 值为无色
      strip.show();//点亮 LED 灯带
      delay(125);//延时 125ms
    }
  }
  if (rece_data == '0') {//如果蓝牙串口接收到的数据为字符 0
    for (int i = 0; i < 8; i++) {//关闭所有 LED
      strip.setPixelColor(i, 0, 0, 0);//设置 LED 的 RGB 值为无色
      strip.show();//点亮 LED 灯带
      delay(125);//延时 125ms
    }
  }
}
```

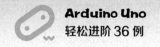

（2）实验结果。

代码上传成功后，将电路板 AN30 安装到 Arduino Uno 开发板上，并接通电源。打开安装了蓝牙串口调试 App 的智能手机，并打开该 App，连接蓝牙模块 HC-05，输入字符"1"并发送，七彩发光环模块点亮 8 只红色 LED；分别输入字符"2"至"7"并发送，七彩发光环模块相应地点亮 8 只绿色、蓝色、黄色、青色、紫色、白色 LED；输入字符"8"，七彩发光环模块点亮 4 只 LED，输入字符"9"，七彩发光环模块点亮 1 只 LED；输入字符"0"，七彩发光环模块熄灭所有 LED。

30.5 拓展与挑战

代码上传成功后，将电路板 AN30 安装到 Arduino Uno 开发板上，并接通电源。打开安装了蓝牙串口调试 App 的智能手机，并打开该 App，连接蓝牙模块 HC-05，输入字符"1"并发送，七彩发光环模块点亮 8 只红色 LED；分别输入字符"2"至"4"并发送，七彩发光环模块相应地点亮 8 只绿色、蓝色、白色 LED；输入字符"5"，七彩发光环点亮 6 只 LED；输入字符"6"，七彩发光环模块点亮 4 只 LED；输入字符"7"，七彩发光环模块点亮 3 只 LED；输入字符"8"，七彩发光环模块点亮 2 只 LED；输入字符"9"，七彩发光环模块点亮 1 只 LED；输入字符"0"，七彩发光环模块熄灭所有 LED。

实验 31　蓝牙遥控车

蓝牙技术是目前较常用的一种无线通信技术，经常在手机上应用，只要在手机上安装好蓝牙软件，就可以将手机当作遥控器使用。蓝牙技术的突出优点是相比红外遥控器无须对准方向、控制距离较远，其存在的问题是蓝牙信号不稳定、耗电量偏高。随着技术日益完善，蓝牙 4.0 版本的耗电量相比老版本降低了 90%，信号连接速度明显加快。

蓝牙遥控车是运用蓝牙模块连接手机，通过手机 App 无线遥控的玩具小车。

31.1　实验描述

运用 Arduino Uno 开发板编程控制蓝牙模块 HC-05 和双电机驱动模块 MX1508，通过手机 App 连接蓝牙模块 HC-05 控制玩具小车前进、后退、左转、右转。蓝牙遥控车电原理图、电路板图、实物图、流程图如图 31.1 所示。

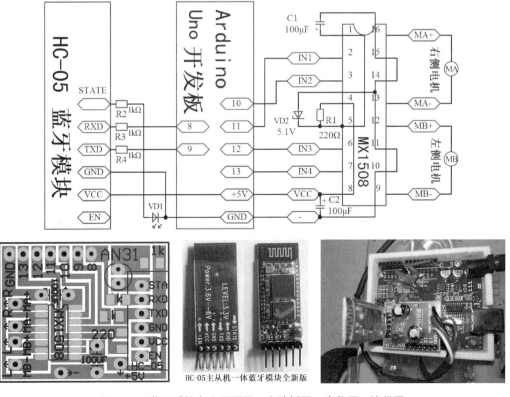

图 31.1　蓝牙遥控车电原理图、电路板图、实物图、流程图

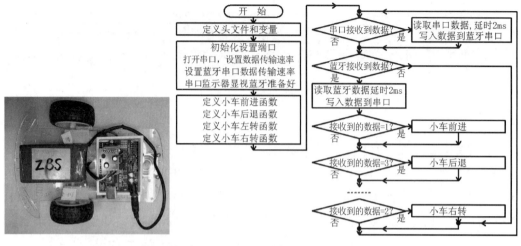

图 31.1　蓝牙遥控车电原理图、电路板图、实物图、流程图（续）

31.2　知识要点

（1）蓝牙模块 HC-05 电路连接方法。

蓝牙模块 HC-05 是串口通信模块，蓝牙模块上的 RXD 引脚只能接收电压为 3.3V 数据信号，Arduino Uno 开发板上的 TX 端口发送的数据信号电压为 5V，为避免烧毁蓝牙模块，本实验在蓝牙模块上的 RXD 和 TXD 引脚上分别串联 1 个 1kΩ 电阻器，然后连接到 Arduino Uno 开发板的 TX 和 RX 端口，经实验证明，蓝牙模块工作无异常。

将蓝牙模块 HC-05 安装到电路板 AN31 上，将电路板 AN31 安装到 Arduino Uno 开发板上，用方头 USB 数据线将 Arduino Uno 开发板与计算机连接起来。

（2）蓝牙模块 HC-05 参数设置方法。

第一步：按住蓝牙模块 HC-05 上的轻触开关，先断开蓝牙模块电源，再接通蓝牙模块电源，蓝牙模块上的红色指示灯每 2s 闪烁 1 次，然后松开轻触开关，这时蓝牙模块已经进入 AT 指令模式。

第二步：在 Arduino IDE 编程界面中输入以下参考程序，编译并将其上传到 Arduino Uno 开发板中。

```
#include <SoftwareSerial.h>//定义头文件，这是 Arduino 软件模拟串口通信库函数文件
//蓝牙模块 HC-05 的 TXD 端接 Arduino Uno 开发板的数字端口 9
//蓝牙模块 HC-05 的 RXD 端接 Arduino Uno 开发板的数字端口 8
SoftwareSerial BT(9, 8);
char val;//定义字符型变量 val
void setup() {
  Serial.begin(38400);//打开串口（默认为开发板串口），设置数据传输速率为 38400bit/s
  Serial.println("Bluetooth is ready!");//串口监视器显示文本并换行
```

```
    BT.begin(38400);//设置蓝牙模块串口数据传输速率为38400bit/s
}
void loop() {
  if (Serial.available()) {//如果串口接收到了数据
    val = Serial.read();//读取串口数据给val
    BT.print(val);//输出数据val给蓝牙串口
  }
  if (BT.available()) {//如果蓝牙串口接收到了数据
    val = BT.read();//读取蓝牙串口数据给val
    Serial.print(val); //串口监视器显示变量val值
  }
}
```

特别说明：蓝牙模块串口数据传输速率与开发板串口数据传输速率必须设置为38400bit/s。

第三步：单击菜单栏中的"工具"→"串口监视器"，设置波特率为"38400"（位于窗口右下方），设置输出格式为"NL"和"CR"（位于波特率设置处左侧），串口监视器将显示"Bluetooth is ready!"。

第四步：在串口监视器窗口第一行处输入"AT"，然后单击串口监视器窗口第一行右侧的"发送"按钮，串口监视器将显示"OK"（或者"ERROR:(0)"），表示蓝牙模块工作正常；输入"at+orgl"，串口监视器显示"OK"，恢复蓝牙模块参数为默认参数。工作角色：从模式。连接模式：指定专用蓝牙设备连接模式。通信格式：串口波特率为3840bit/s，8位数据位、1位停止位、无奇偶校验。配对密码：1234。设备名称：H-C-2010-06-01。

（3）通过手机App无线遥控玩具小车的方法。

第一步：在Arduino IDE编程界面中输入蓝牙遥控车参考程序，编译并将其上传到Arduino Uno开发板中。注意：在上传程序时，必须断开蓝牙模块电源。

第二步：打开Android手机上的蓝牙开关，搜索并连接蓝牙模块HC-05，输入密码"1234"或"0000"进行配对。在配对前，蓝牙模块上的指示灯快闪（每秒闪烁2次），配对成功后，蓝牙模块上的指示灯间歇性双闪（每5s闪烁2次），另外状态指示灯点亮。

第三步：在Android手机上安装蓝牙串口调试App（只要是蓝牙串口软件就行）并打开该App，输入字符"1"并发送，小车前进一段距离后停止。采用同样的方法，分别输入字符"3""0""2"并发送，小车后退一段距离后停止、小车左转一定角度、小车右转一定角度。

31.3 编程要点

（1）语句send_data = Serial.read();表示读取串口数据给变量send_data。

（2）语句 rece_data = (char)BT.read();表示读取蓝牙串口数据给变量 rece_data。

（3）语句 Serial.write(rece_data);表示写入数据到串口。

（4）语句 BT.write(send_data);表示写入数据到蓝牙串口。

31.4 程序设计

（1）参考程序。

```
#include <SoftwareSerial.h>//定义头文件，这是 Arduino 软件模拟串口通信库函数文件
#define pinleft1 13//左侧电机引脚 1 接数字端口 13
#define pinleft2 12//左侧电机引脚 2 接数字端口 12
#define pinright1 10//右侧电机引脚 1 接数字端口 10
#define pinright2 11//右侧电机引脚 2 接数字端口 11
byte    send_data;//定义字节型变量
char    rece_data;//定义字符型变量
//蓝牙模块 HC-05 的 TXD 端接 Arduino Uno 开发板的数字端口 9
//蓝牙模块 HC-05 的 RXD 端接 Arduino Uno 开发板的数字端口 8
SoftwareSerial BT(9, 8);
void setup() {
  pinMode(pinleft1, OUTPUT);//设置电机引脚为输出模式
  pinMode(pinleft2, OUTPUT);
  pinMode(pinright1, OUTPUT);
  pinMode(pinright2, OUTPUT);
  //打开串口（默认为开发板串口），设置数据传输速率为 9600bit/s
  Serial.begin(9600);//请注意此处数据传输速率不可以设置成 38400bit/s
  BT.begin(9600);//设置蓝牙模块串口数据传输速率为 9600bit/s
  Serial.println("Bluetooth is ready!");//串口监视器显示文本并换行
}
void  loop() {
  if (Serial.available() > 0) {//如果串口接收到了数据
    send_data = Serial.read();//读取串口数据给变量 send_data
    delay(2);//延时 2ms
    BT.write(send_data);//写入数据到蓝牙串口
  }
  if (BT.available()) {//如果蓝牙串口接收到了数据
    //读取蓝牙串口接收到的字符型数据给变量 rece_data
    rece_data = (char)BT.read();
    delay(2);//延时 2ms
    Serial.write(rece_data);//写入数据到串口
    if (rece_data == '1') {//如果蓝牙串口接收到的数据为字符 1
```

```
      forward();//小车前进
    }
    if (rece_data == '3' ) {//如果蓝牙串口接收到的数据为字符3
      back();//小车后退
    }
    if (rece_data == '0' ) {//如果蓝牙串口接收到的数据为字符0
      left();//小车左转
    }
    if (rece_data == '2' ) {//如果蓝牙串口接收到的数据为字符2
      right();//小车右转
    }
  }
}
void forward() {//小车前进
  digitalWrite(pinleft1, 0);
  digitalWrite(pinleft2, 1);
  digitalWrite(pinright1, 0);
  digitalWrite(pinright2, 1);
  delay(300);//延时300ms
  digitalWrite(pinleft2, 0);
  digitalWrite(pinright2, 0);
}
void back() {//小车后退
  digitalWrite(pinleft1, 1);
  digitalWrite(pinleft2, 0);
  digitalWrite(pinright1, 1);
  digitalWrite(pinright2, 0);
  delay(300);//延时300ms
  digitalWrite(pinleft1, 0);
  digitalWrite(pinright1, 0);
}
void left() {//小车左转
  digitalWrite(pinleft1, 1);
  digitalWrite(pinleft2, 0);
  digitalWrite(pinright1, 0);
  digitalWrite(pinright2, 1);
  delay(100);//延时100ms
  digitalWrite(pinleft1, 0);
  digitalWrite(pinright2, 0);
  delay(100);//延时100ms
}
```

```
void right() {//小车右转
  digitalWrite(pinleft1, 0);
  digitalWrite(pinleft2, 1);
  digitalWrite(pinright1, 1);
  digitalWrite(pinright2, 0);
  delay(100);//延时100ms
  digitalWrite(pinleft2, 0);
  digitalWrite(pinright1, 0);
  delay(100);//延时100ms
}
```

（2）实验结果。

代码上传成功后，将电路板 AN31 安装到 Arduino Uno 开发板上并接通电源，打开安装了蓝牙串口调试 App 的智能手机并打开该 App，连接蓝牙模块 HC-05，输入字符"1"并发送，小车前进一段距离后停止。采用同样的方法，分别输入字符"3""0""2"并发送，小车后退一段距离后停止、小车左转一定角度、小车右转一定角度。

31.5 拓展与挑战

代码上传成功后，将电路板 AN31 安装到 Arduino Uno 开发板上并接通电源，打开安装了蓝牙串口调试 App 的智能手机并打开该 App，连接蓝牙模块 HC-05，输入字符"1"并发送，小车前进一段距离后停止。采用同样的方法，分别输入字符"0""2""3"并发送，小车后退一段距离后停止、小车左转一定角度、小车右转一定角度。

实验 32 无线通信灯

无线通信灯是运用无线串口通信方式遥控的 LED 通信灯。

32.1 实验描述

运用 Arduino Uno 开发板编程控制无线通信模块 HC-12 和七彩发光环模块 WS2812-8，按下电路板 AN32FA 上的按钮 K8、K9、K10、K13，可控制七彩发光环的颜色与亮度。无线通信灯电原理图、电路板图、实物图、流程图如图 32.1 所示。

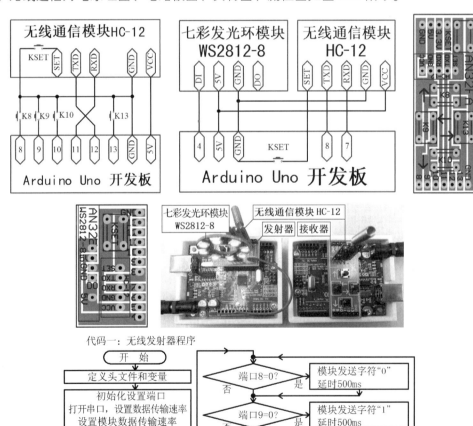

图 32.1 无线通信灯电原理图、电路板图、实物图、流程图

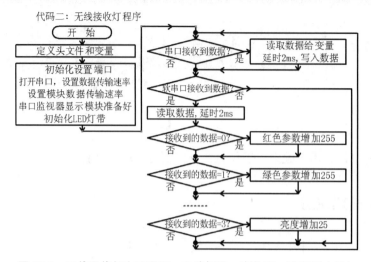

图 32.1　无线通信灯电原理图、电路板图、实物图、流程图（续）

32.2　知识要点

（1）LED。

LED（Light Emitting Diode，发光二极管）是一种能够将电能转化为可见光的固态半导体器件。LED 发光能效高（高达 80lm/W），使用寿命长（长达 100000h），无频闪，发热低，不含铅、汞等污染元素，可以安全触摸，属于典型的绿色照明光源。另外，LED 发光亮度高，而且可以调整发光亮度与颜色，因此深受广大用户的欢迎。

（2）基于无线通信模块 HC-12 的无线发射器编程方法。

第一步：将无线通信模块 HC-12 安装到电路板 AN32FA 上，将电路板 AN32FA 安装到 Arduino Uno 开发板上，用方头 USB 数据线将 Arduino Uno 开发板与计算机连接起来。在 Arduino IDE 编程界面中输入以下参考程序，编译并将其上传到 Arduino Uno 开发板中。

```
#include <SoftwareSerial.h>//定义头文件，这是Arduino软件模拟串口通信库函数文件
//HC-12 的 TXD 端接 Arduino Uno 开发板的数字端口 12
//HC-12 的 RXD 端接 Arduino Uno 开发板的数字端口 11
SoftwareSerial HC12(12, 11);
void setup() {
  Serial.begin(9600);//打开串口，设置数据传输速率为9600bit/s
  HC12.begin(9600);//设置 HC-12 数据传输速率
Serial.println("HC12 is ready!");//串口监视器显示文本并换行
}
void loop() {
  while (HC12.available()) {//如果 HC-12 接收到数据，则执行下面的语句
    Serial.write(HC12.read());//发送数据给串口监视器
```

}
  while (Serial.available()) {//如果串口监视器接收到数据,则执行下面的语句
    HC12.write(Serial.read());//发送数据给 HC-12
  }
}
```

第二步：断开 USB 连接线，按住电路板 AN32FA 上的 KSET 按钮，然后接通 USB 连接线，再次将上述程序上传到 Arduino Uno 开发板中，单击菜单栏中的"工具"→"串口监视器"，设置波特率为"9600"（位于窗口右下方），设置输出格式为"NL"和"CR"（位于波特率设置处左侧），串口监视器将显示"HC12 is ready!"。

第三步：继续按住电路板 AN32FA 上的 KSET 按钮，单击菜单栏中的"工具"→"串口监视器"，设置波特率为"9600"（位于窗口右下方），设置输出格式为"NL"和"CR"（位于波特率设置处左侧），串口监视器将显示"HC12 is ready!"。

在串口监视器窗口第一行处输入"AT"，然后单击串口监视器窗口第一行右侧的"发送"按钮，串口监视器将显示"OK"，表示模块工作正常。

输入"AT+DEFAULT"，单击"发送"按钮，屏幕显示"OK+DEFAULT"，表示所有参数恢复模块出厂设置。

输入"AT+C002"，单击"发送"按钮，屏幕显示"OK+C002"，表示更改无线通信频道为 C002。

特别说明：无线通信模块 HC-12 的无线通信频道包括 C001～C100，频道 001 的工作频率为 433.4MHz，频道 002 的工作频率为 433.8MHz，下一频道的工作频率将高出 400kHz，频道 100 的工作频率为 473.0 MHz。

参数设置完成后，即可松开电路板 AN32FA 上的 KSET 按钮。

第四步：在 Arduino IDE 编程界面中输入无线发射器程序，编译并将其上传到 Arduino Uno 开发板中。

（3）基于无线通信模块 HC-12 的无线接收器编程方法。

第一步：将无线通信模块 HC-12 安装到电路板 AN32SHOU 上，将电路板 AN32SHOU 安装到 Arduino Uno 开发板上，用方头 USB 数据线将 Arduino Uno 开发板与计算机连接起来。在 Arduino IDE 编程界面中输入以下参考程序，编译并将其上传到 Arduino Uno 开发板中。

```
#include <SoftwareSerial.h>//定义头文件,这是 Arduino 软件模拟串口通信库函数文件
//HC-12 的 TXD 端接 Arduino Uno 开发板的数字端口 8
//HC-12 的 RXD 端接 Arduino Uno 开发板的数字端口 7
SoftwareSerial HC12(8, 7);
void setup() {
  Serial.begin(9600);//打开串口,设置数据传输速率为 9600bit/s
```
```

```
  HC12.begin(9600);//设置 HC-12 数据传输速率
  Serial.println("HC12 is ready!");//串口监视器显示文本并换行
}
void loop() {
  while (HC12.available()) {//如果 HC-12 接收到数据，则执行下面的语句
    Serial.write(HC12.read());//发送数据给串口监视器
  }
  while (Serial.available()) {//如果串口监视器接收到数据，则执行下面的语句
    HC12.write(Serial.read());//发送数据给 HC-12
  }
}
```

第二步：断开 USB 连接线，按住电路板 AN32SHOU 上的 KSET 按钮，然后接通 USB 连接线，再次将上述程序上传到 Arduino Uno 开发板中，单击菜单栏中的"工具"→"串口监视器"，设置波特率为"9600"（位于窗口右下方），设置输出格式为"NL"和"CR"（位于波特率设置处左侧），串口监视器将显示"HC12 is ready!"。

第三步：继续按住电路板 AN32SHOU 上的 KSET 按钮，单击菜单栏中的"工具"→"串口监视器"，设置波特率为"9600"（位于窗口右下方），设置输出格式为"NL"和"CR"（位于波特率设置处左侧），串口监视器将显示"HC12 is ready!"。

在串口监视器窗口第一行处输入"AT"，然后单击串口监视器窗口第一行右侧的"发送"按钮，串口监视器将显示"OK"，表示模块工作正常。

输入"AT+DEFAULT"，单击"发送"按钮，屏幕显示"OK+DEFAULT"，表示所有参数恢复模块出厂设置。

输入"AT+C002"，单击"发送"按钮，屏幕显示"OK+C002"，表示更改无线通信频道为 C002。

参数设置完成后，即可松开电路板 AN32SHOU 上的 KSET 按钮。

第四步：在 Arduino IDE 编程界面中输入无线接收器程序，编译并将其上传到 Arduino Uno 开发板中。接通无线发射器和无线接收器电源，按电路板 AN32FN 上的按钮 K8、K9、K10、K13，即可控制七彩发光环的颜色与亮度。

32.3 编程要点

（1）语句 if(rece_data == '0') {Red_num = Red_num + 255;if(Red_num > 255) { Red_num = 0;}} 表示如果接收的数据为字符 0，那么 Red_num = Red_num + 255；如果 Red_num > 255，那么 Red_num = 0。从实际效果上看，Red_num=255 或 0。

32.4 程序设计

（1）参考程序。

代码一：无线发射器程序。

```
#include <SoftwareSerial.h>//定义头文件，这是Arduino软件模拟串口通信库函数文件
//HC-12的TXD端接Arduino Uno开发板的数字端口12
//HC-12的RXD端接Arduino Uno开发板的数字端口11
SoftwareSerial HC12(12, 11);
void setup() {
  pinMode(8, INPUT);//设置数字端口8为输入模式
  pinMode(9, INPUT);//设置数字端口9为输入模式
  pinMode(10, INPUT);//设置数字端口10为输入模式
  pinMode(13, INPUT);//设置数字端口13为输入模式
  Serial.begin(9600);//打开串口，设置数据传输速率为9600bit/s
  HC12.begin(9600);//设置HC-12数据传输速率
  Serial.println("HC12 is ready!");//串口监视器显示文本并换行
}
void loop() {
  digitalWrite(8, 1);//设置数字端口8为高电平
  if (digitalRead(8) == 0) {//如果数字端口8为低电平
    HC12.write("0"); //HC-12发送字符"0"
    delay(500);//延时500ms
  }
  digitalWrite(9, 1);//设置数字端口9为高电平
  if (digitalRead(9) == 0) {//如果数字端口9为低电平
    HC12.write("1");//HC-12发送字符"1"
    delay(500);//延时500ms
  }
  digitalWrite(10, 1);//设置数字端口10为高电平
  if (digitalRead(10) == 0) {//如果数字端口10为低电平
    HC12.write("2");//HC-12发送字符"2"
    delay(500);//延时500ms
  }
  digitalWrite(13, 1);//设置数字端口13为高电平
  if (digitalRead(13) == 0) {//如果数字端口13为低电平
    HC12.write("3");//HC-12发送字符"3"
    delay(500);//延时500ms
  }
}
```

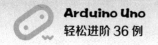

代码二：无线接收器程序。

```
#include <SoftwareSerial.h>//定义头文件，这是Arduino软件模拟串口通信库函数文件
//定义头文件，这是智能控制LED光源WS2812-8库函数文件
#include <Adafruit_NeoPixel.h>
#define led_numbers 8//定义智能控制LED光源数量
#define PIN 4//定义智能控制LED光源输入端引脚为数字端口4
//NEO_GRB + NEO_KHZ800 为像素类型标志
//NEO_KHZ800是大多数LED灯带驱动类型
//NEO_GRB是大多数LED灯带像素显示类型
Adafruit_NeoPixel strip = Adafruit_NeoPixel(led_numbers, PIN, NEO_GRB + NEO_KHZ800);
  byte    send_data;//定义字节型变量
  char    rece_data;//定义字符型变量
  int Red_num = 250;
  int Green_num = 250;
  int Blue_num = 250;
  int Bright_num = 50;
//HC-12的TXD端接Arduino Uno开发板的数字端口8
//HC-12的RXD端接Arduino Uno开发板的数字端口7
SoftwareSerial HC12(8, 7);
void setup() {
  pinMode(4, OUTPUT);//设置数字端口4为输出模式
  Serial.begin(9600);//打开串口，设置数据传输速率为9600bit/s
  HC12.begin(9600);//设置HC-12数据传输速率
  Serial.println("HC12 is ready!");//串口监视器显示文本并换行
  strip.begin();//初始化LED灯带
  strip.setBrightness(50);//设置亮度值为最大值（255）的约1/5
}
void  loop() {
  if (Serial.available() > 0) {//如果串口接收到了数据
    send_data = Serial.read();//读取串口数据给变量send_data
    delay(2);//延时2ms
    HC12.write(send_data);//写入数据到HC-12串口
  }
  if (HC12.available() > 0) {//如果HC-12串口接收到了数据
    rece_data = (char)HC12.read();//读取HC-12串口数据给变量rece_data
    delay(2);//延时2ms
    Serial.write(rece_data);//写入数据到串口
    if (rece_data == '0') {//如果HC-12接收到的数据为字符0
```

```
    Red_num = Red_num + 255;
    if (Red_num > 255) {
      Red_num = 0;
    }
  }
  if (rece_data == '1') {//如果 HC-12 接收到的数据为字符 1
    Green_num = Green_num + 255;
    if (Green_num > 255) {
      Green_num = 0;
    }
  }
  if (rece_data == '2') {//如果 HC-12 接收到的数据为字符 2
    Blue_num = Blue_num + 255;
    if (Blue_num > 255) {
      Blue_num = 0;
    }
  }
  if (rece_data == '3') {//如果 HC-12 接收到的数据为字符 3
    Bright_num = Bright_num + 25;
    if (Bright_num > 100) {
      Bright_num = 0;
    }
  }
  for (int i = 0; i < 8; i++) {
    //设置 LED 的 RGB 值
    strip.setPixelColor(i, Red_num, Green_num, Blue_num);
    strip.show();//点亮 LED 灯带
    strip.setBrightness(Bright_num);//设置亮度
    delay(125);//延时 125ms
  }
}
```

（2）实验结果。

将电路板 AN32FA 安装到 Arduino Uno 开发板一上，将无线发射器程序上传到该开发板内，作为无线发射器；将电路板 AN32SHOU 安装到 Arduino Uno 开发板二上，将无线接收器程序上传到该开发板内，作为无线接收器，接通无线发射器和无线接收器电源，按电路板 AN32FA 上的按钮 K8、K9、K10、K13，即可控制七彩发光环的颜色与亮度。

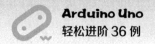

32.5 拓展与挑战

恢复模块出厂设置,更改无线发射器和无线接收器上 HC-12 的无线通信频道为 003,编译并上传代码,接通无线发射器和无线接收器电源,分别按电路板 AN32FA 上的按钮 K8、K9、K10、K13,控制七彩发光环的颜色与亮度。

实验 33　无线通信车

无线通信车是运用无线串口通信方式控制的玩具小车。

33.1　实验描述

运用 Arduino Uno 开发板编程控制无线通信模块 HC-12 和双电机驱动模块 MX1508，按电路板 AN33FA 上的按钮 K8、K9、K10、K13，可使玩具小车前进、后退、左转、右转。无线通信车电原理图、电路板图、实物图、流程图如图 33.1 所示。

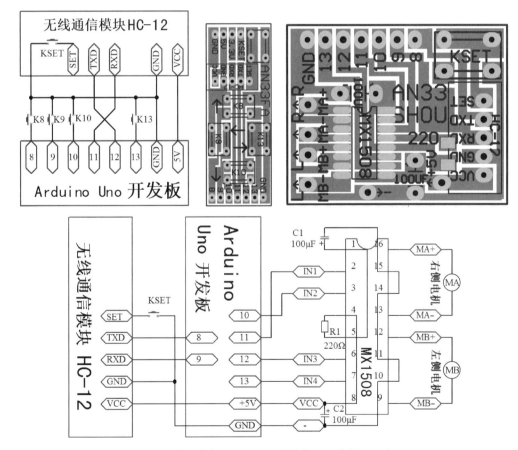

图 33.1　无线通信车电原理图、电路板图、实物图、流程图

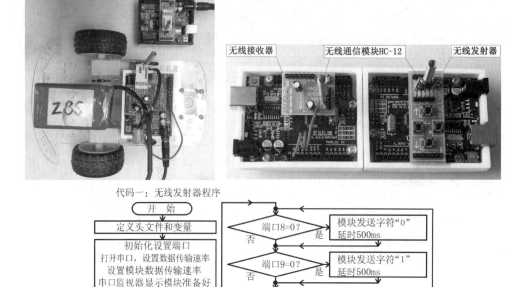

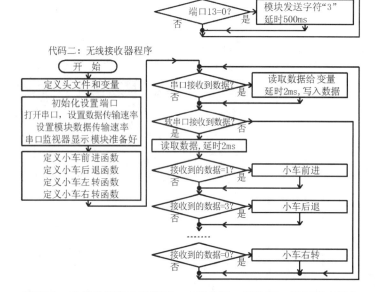

图 33.1 无线通信车电原理图、电路板图、实物图、流程图（续）

33.2　知识要点

（1）无线通信模块 HC-12。

无线通信模块 HC-12 的工作频段为 433.4～473.0 MHz，有 100 个通信频道，每个通信频道之间的频率差值为 400kHz，发射功率为-1dBm（0.79mW）～20dBm（100mW），传输距离为 1km（在空旷环境中），支持一对一、一对多、多对一、多对多连接透传模式，不限单次发送的字节数，工作电压为 3.2～5.5V（如果模块长时间工作在发射状态，则建议在 VCC 端串联一个 1N4007 二极管，然后连接到 5V 电源上），空闲电流为 16mA，通信接口为 UART3.3～5VTTL 电平。该模块的外形尺寸为 27.4mm×13.2mm，设有 VCC、GND、RXD、TXD、SET 共 5 个端口，VCC 为电源正极，接 3.2～5.5V 供电电源，GND 为电源负极，RXD 为接收端，TXD 为发送端，SET 为设置端，当 SET 端口为低电平时进入 AT 指令模式。天线类型为弹簧天线，默认为出厂参数设置，任务模式为 FU3，波特率为 9600bit/s，通信频道为 CH001（工作频率为 433.4 MHz）。

（2）基于无线通信模块 HC-12 的无线发射器编程方法。

第一步：将无线通信模块 HC-12 安装到电路板 AN33FA 上，将电路板 AN33FA 安装到 Arduino Uno 开发板上，无线通信模块 HC-12 的 TXD 端连接 Arduino Uno 开发板的数字端口 12，无线通信模块 HC-12 的 RXD 端连接 Arduino Uno 开发板的数字端口 11，无线通信模块 HC-12 的 GND 端连接 Arduino Uno 开发板的 GND 端，无线通信模块 HC-12 的 VCC 端连接 Arduino Uno 开发板的 5V 端，SET 端接地。

用方头 USB 数据线将 Arduino Uno 开发板与计算机连接起来。

在 Arduino IDE 编程界面中输入以下参考程序，编译并将其上传到 Arduino Uno 开发板中。

```
#include <SoftwareSerial.h>//定义头文件，这是Arduino软件模拟串口通信库函数文件
//HC12 的 TXD 端接 Arduino Uno 开发板的数字端口 12
//HC12 的 RXD 端接 Arduino Uno 开发板的数字端口 11
SoftwareSerial HC12(12, 11);
void setup() {
  Serial.begin(9600);//打开串口，设置数据传输速率为9600bit/s
  HC12.begin(9600);//设置 HC-12 数据传输速率
Serial.println("HC12 is ready!");//串口监视器显示文本并换行
}
void loop() {
  while (HC12.available()) {//如果 HC-12 接收到数据，则执行下面的语句
    Serial.write(HC12.read());//发送数据给串口监视器
  }
  while (Serial.available()) {//如果串口监视器接收到数据，则执行下面的语句
    HC12.write(Serial.read());//发送数据给 HC-12
  }
}
```

第二步：断开 USB 连接线，按住电路板 AN33FA 上的 KSET 按钮，然后接通 USB 连接线，再次将上述程序上传到 Arduino Uno 开发板中，单击菜单栏中的"工具"→"串口监视器"，设置波特率为"9600"（位于窗口右下方），设置输出格式为"NL"和"CR"（位于波特率设置处左侧），串口监视器将显示"HC12 is ready!"。

第三步：继续按住电路板 AN33FA 上的 KSET 按钮，单击菜单栏中的"工具"→"串口监视器"，设置波特率为"9600"（位于窗口右下方），设置输出格式为"NL"和"CR"（位于波特率设置处左侧），串口监视器将显示"HC12 is ready!"。

在串口监视器窗口第一行处输入"AT"，然后单击串口监视器窗口第一行右侧的"发送"按钮，串口监视器将显示"OK"，表示模块工作正常。

输入"AT+DEFAULT"，单击"发送"按钮，屏幕显示"OK+DEFAULT"，表示所有参数恢复模块出厂设置。默认串口波特率为9600bit/s，默认无线通信频道为C001，默认模块发射功率等级为+20dBm，默认串口透传模式为FU3。

参数设置完成后，即可松开电路板 AN33FA 上的 KSET 按钮。

获取模块所有参数的方法为输入"AT+RX"，单击"发送"按钮，屏幕显示"OK+B9600""OK+RC001""OK+RP:+20dBm""OK+FU3"。

更改串口波特率的方法为输入"AT+B19200"，单击"发送"按钮，屏幕显示"OK+B19200"，可用波特率有 1200 bit/s、2400 bit/s、4800 bit/s、9600 bit/s、19200 bit/s、38400 bit/s、57600 bit/s 和 115200 bit/s 共 8 种。

更改无线通信频道的方法为输入"AT+C002"，单击"发送"按钮，屏幕显示"OK+C002"，无线通信频道包括 C001～C100，频道 001 工作频率为 433.4MHz，频道 002 工作频率为 433.8MHz，下一频道工作频率将高出 400kHz，频道 100 工作频率为 473.0 MHz。

更改模块发射功率等级的方法为输入"AT+P1"，单击"发送"按钮，模块发射功率等级为-01dBm；输入"AT+P8"，单击"发送"按钮，模块发射功率等级为+20dBm。

更改模块串口透传模式的方法为输入"AT+FU1"，单击"发送"按钮，此模式为较省电模式，模块空闲电流约为 3.6mA，可设置 8 种波特率，空中波特率为 250000bit/s。输入"AT+FU2"，单击"发送"按钮，此模式为省电模式，模块空闲电流约为 80μA，可设置 3 种波特率（1200bit/s、2400bit/s、4800bit/s），空中波特率为 250000bit/s。输入"AT+FU3"，单击"发送"按钮，此模式为全速模式，模块空闲电流约为 16mA，可设置 8 种波特率，空中波特率为自动调整模式。输入"AT+FU4"，单击"发送"按钮，此模式为较远距离模式，模块空闲电流约为 16mA，可设置 1 种波特率（1200bit/s），空中波特率为 500bit/s。

第四步：在 Arduino IDE 编程界面中输入无线发射器程序，编译并将其上传到 Arduino Uno 开发板中。

（3）基于无线通信模块 HC-12 的无线接收器编程方法。

第一步：将无线通信模块 HC-12 安装到电路板 AN33SHOU 上，将电路板 AN33SHOU 安装到 Arduino Uno 开发板上，用方头 USB 数据线将 Arduino Uno 开发板与计算机连接起来。在 Arduino IDE 编程界面中输入以下参考程序，编译并将其上传到 Arduino Uno 开发板中。

```
#include <SoftwareSerial.h>//定义头文件，这是Arduino软件模拟串口通信库函数文件
//HC12的TXD端接Arduino Uno开发板的数字端口8
//HC12的RXD端接Arduino Uno开发板的数字端口9
SoftwareSerial HC12(8, 9);
void setup() {
  Serial.begin(9600);//打开串口，设置数据传输速率为9600bit/s
  HC12.begin(9600);//设置HC-12数据传输速率
Serial.println("HC12 is ready!");//串口监视器显示文本并换行
}
void loop() {
  while (HC12.available()) {//如果HC-12接收到数据，则执行下面的语句
    Serial.write(HC12.read());//发送数据给串口监视器
  }
  while (Serial.available()) {//如果串口监视器接收到数据，则执行下面的语句
    HC12.write(Serial.read());//发送数据给HC-12
  }
}
```

第二步：断开USB连接线，按住电路板AN33SHOU上的KSET按钮，然后接通USB连接线，再次将上述程序上传到Arduino Uno开发板中，单击菜单栏中的"工具"→"串口监视器"，设置波特率为"9600"（位于窗口右下方），设置输出格式为"NL"和"CR"（位于波特率设置处左侧），串口监视器将显示"HC12 is ready!"。

第三步：继续按住电路板AN33SHOU上的KSET按钮，单击菜单栏中的"工具"→"串口监视器"，设置波特率为"9600"（位于窗口右下方），设置输出格式为"NL"和"CR"（位于波特率设置处左侧），串口监视器将显示"HC12 is ready!"。

在串口监视器窗口第一行处输入"AT"，然后单击串口监视器窗口第一行右侧的"发送"按钮，串口监视器将显示"OK"，表示模块工作正常。

输入"AT+DEFAULT"，单击"发送"按钮，屏幕显示"OK+DEFAULT"，表示所有参数恢复模块出厂设置。

参数设置完成后，即可松开电路板AN33SHOU上的KSET按钮。

第四步：在Arduino IDE编程界面中输入无线接收器程序，编译并将其上传到Arduino Uno开发板中。接通无线发射器和无线接收器电源，分别按电路板AN33FA上的按钮K8、K9、K10、K13，小车将前进、后退、左转、右转。

33.3　编程要点

（1）语句HC12.write("0");表示HC-12发送数据字符"0"到串口。

（2）语句if(HC12.available()) {rece_data = (char)HC12.read();delay(2);　　Serial.write

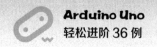

(rece_data);}表示如果串口接收到了数据,那么读取数据,并将数据发送到串口监视器。

33.4 程序设计

(1)参考程序。

代码一:无线发射器程序。

```
#include <SoftwareSerial.h>//定义头文件,这是Arduino软件模拟串口通信库函数文件
//HC-12的TXD端接Arduino Uno开发板的数字端口12
//HC-12的RXD端接Arduino Uno开发板的数字端口11
SoftwareSerial HC12(12, 11);
void setup() {
  pinMode(8, INPUT);//设置数字端口8为输入模式
  pinMode(9, INPUT);//设置数字端口9为输入模式
  pinMode(10, INPUT);//设置数字端口10为输入模式
  pinMode(13, INPUT);//设置数字端口13为输入模式
  Serial.begin(9600);//打开串口,设置数据传输速率为9600bit/s
  HC12.begin(9600);//设置HC-12数据传输速率
  Serial.println("HC12 is ready!");//串口监视器显示并换行
}
void loop() {
  digitalWrite(8, 1);//设置数字端口8为高电平
  if (digitalRead(8) == 0) {//如果数字端口8为低电平
    HC12.write("0");//HC-12发送字符"0"
    delay(500);//延时500ms
  }
  digitalWrite(9, 1);//设置数字端口9为高电平
  if (digitalRead(9) == 0) {//如果数字端口9为低电平
    HC12.write("1");//HC-12发送字符"1"
    delay(500);//延时500ms
  }
  digitalWrite(10, 1);//设置数字端口10为高电平
  if (digitalRead(10) == 0) {//如果数字端口10为低电平
    HC12.write("2");//HC-12发送字符"2"
    delay(500);//延时500ms
  }
  digitalWrite(13, 1);//设置数字端口13为高电平
  if (digitalRead(13) == 0) {//如果数字端口13为低电平
    HC12.write("3");//HC-12发送字符"3"
    delay(500);//延时500ms
```

    }
}

代码二：无线接收器程序。

```cpp
#include <SoftwareSerial.h>//定义头文件，这是Arduino软件模拟串口通信库函数文件
#define pinleft1 12//左侧电机引脚1接数字端口12
#define pinleft2 13//左侧电机引脚2接数字端口13
#define pinright1 11//右侧电机引脚1接数字端口11
#define pinright2 10//右侧电机引脚2接数字端口10
byte   send_data;//定义字节型变量
char   rece_data;//定义字符型变量
//HC-12的TXD端接Arduino Uno开发板的数字端口8
//HC-12的RXD端接Arduino Uno开发板的数字端口9
SoftwareSerial HC12(8, 9);
void setup() {
  pinMode(pinleft1, OUTPUT);//设置电机引脚为输出模式
  pinMode(pinleft2, OUTPUT);
  pinMode(pinright1, OUTPUT);
  pinMode(pinright2, OUTPUT);
  Serial.begin(9600);//打开串口，设置数据传输速率为9600bit/s
  HC12.begin(9600);//设置Wi-Fi模块数据传输速率
  Serial.println("HC12 is ready!");//串口监视器显示并换行
}
void  loop() {
  if (Serial.available() > 0) {//如果串口接收到了数据
    send_data = Serial.read();//读取串口数据给变量send_data
    delay(2);//延时2ms
    HC12.write(send_data);//写入数据到HC-12串口
  }
  if (HC12.available()) {//如果HC-12串口接收到了数据
    rece_data = (char)HC12.read();//读取字符型数据给变量rece_data
    delay(2);//延时2ms
    Serial.write(rece_data);//
      if (rece_data == '1') {//如果接收的数据为字符1
        forward();//小车前进
      }
      if (rece_data == '3' ) {//如果接收的数据为字符3
        back();//小车后退
      }
      if (rece_data == '2' ) {//如果接收的数据为字符2
        left();//小车左转
```

```
      }
      if (rece_data == '0') {//如果接收的数据为字符0
        right();//小车右转
      }
    }
  }
void forward() {//小车前进
  digitalWrite(pinleft1, 0);
  digitalWrite(pinleft2, 1);
  digitalWrite(pinright1, 0);
  digitalWrite(pinright2, 1);
  delay(200);//延时200ms
  digitalWrite(pinleft2, 0);
  digitalWrite(pinright2, 0);
  delay(200);//延时200ms
}
void back() {//小车后退
  digitalWrite(pinleft1, 1);
  digitalWrite(pinleft2, 0);
  digitalWrite(pinright1, 1);
  digitalWrite(pinright2, 0);
  delay(200); //延时200ms
  digitalWrite(pinleft1, 0);
  digitalWrite(pinright1, 0);
  delay(200);//延时200ms
}
void left() {//小车左转
  digitalWrite(pinleft1, 1);
  digitalWrite(pinleft2, 0);
  digitalWrite(pinright1, 0);
  digitalWrite(pinright2, 1);
  delay(50);//延时50ms
  digitalWrite(pinleft1, 0);
  digitalWrite(pinright2, 0);
  delay(100);//延时100ms
}
void right() {//小车右转
  digitalWrite(pinleft1, 0);
  digitalWrite(pinleft2, 1);
  digitalWrite(pinright1, 1);
  digitalWrite(pinright2, 0);
```

```
    delay(50);//延时50ms
    digitalWrite(pinleft2, 0);
    digitalWrite(pinright1, 0);
    delay(100);//延时100ms
}
```

（2）实验结果。

将电路板 AN33FA 安装到 Arduino Uno 开发板一上，将无线发射器程序上传到该开发板内，作为无线发射器；将电路板 AN33SHOU 安装 Arduino Uno 开发板二上，将无线接收器程序上传到该开发板内，作为无线接收器。接通无线发射器和无线接收器电源，分别按电路板 AN33FA 上的按钮 K8、K9、K10、K13，小车将前进、后退、左转、右转。

33.5　拓展与挑战

恢复模块出厂设置，更改无线发射器和遥控接收器上 HC-12 的无线通信频道为 002，编译并上传程序，接通无线发射器和无线接收器电源，分别按电路板 AN33FA 上的按钮 K8、K9、K10、K13，使小车前进、后退、左转、右转。

实验 34　麦克纳姆车

麦克纳姆车是一款安装了 4 个麦克纳姆轮的小车，其独特之处在于小车在程序控制下可以前进、后退、左右横移、前后左右斜行、顺时针或逆时针旋转等，此款小车多用于全方位叉车、全方位运输平台，非常适用于运转空间有限、作业通道狭窄的环境。

34.1　实验描述

运用 Arduino Uno 开发板编程控制无线通信模块 HC-12 和双电机驱动模块 MX1508，按电路板 AN34FA 上的按钮 K8、K10、K9、K13、K7、K6，使麦克纳姆车前进、后退、左平移、右平移、顺时针旋转、逆时针旋转。麦克纳姆车电原理图、电路板图、实物图、流程图如图 34.1 所示。

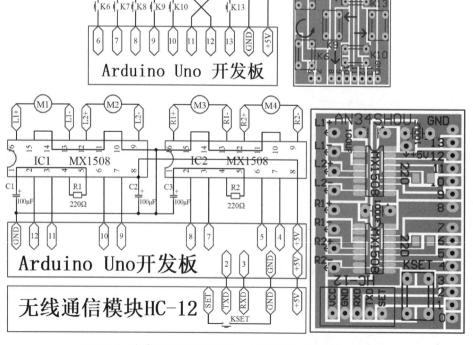

图 34.1　麦克纳姆车电原理图、电路板图、实物图、流程图

实验34　麦克纳姆车

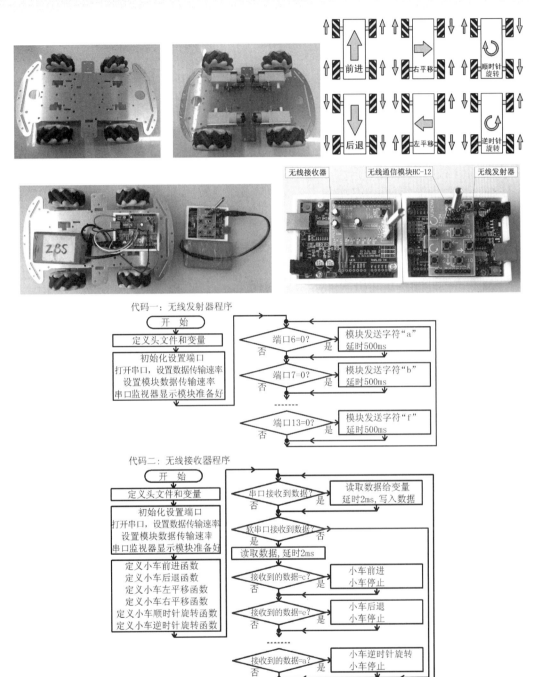

图34.1　麦克纳姆车电原理图、电路板图、实物图、流程图（续）

34.2　知识要点

（1）麦克纳姆轮。

麦克纳姆轮是一种有许多位于机轮周边的轮轴的中心轮，轮轴方向与中心轮方向呈

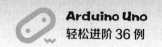

一定角度（如45°），轮轴有多个（如9个），轮轴位于机轮周边，轮轴可沿轮缘斜方向自由滚动，当中心轮转动时，与地面接触的轮轴将发生斜方向滚动，这将导致小车产生向前或向后的运动趋势，与此同时，还将导致小车产生向左或向右的运动趋势，最终使麦克纳姆车前进、后退、左平移、右平移、顺时针旋转、逆时针旋转等。

（2）基于无线通信模块HC-12的无线发射器编程方法。

第一步：将无线通信模块HC-12安装到电路板AN34FA上，将电路板AN34FA安装到Arduino Uno开发板上，用方头USB数据线将Arduino Uno开发板与计算机连接起来。在Arduino IDE编程界面中输入以下参考程序，编译并将其上传到Arduino Uno开发板中。

```
#include <SoftwareSerial.h>//定义头文件，这是Arduino软件模拟串口通信库函数文件
//HC12的TXD端接Arduino Uno开发板的数字端口12
//HC12的RXD端接Arduino Uno开发板的数字端口11
SoftwareSerial HC12(12, 11);
void setup() {
  Serial.begin(9600);//打开串口，设置数据传输速率为9600bit/s
  HC12.begin(9600);//设置HC-12数据传输速率
  Serial.println("HC12 is ready!");//串口监视器显示文本并换行
}
void loop() {
  while (HC12.available()) {//如果HC-12接收到数据，则执行下面的语句
    Serial.write(HC12.read());//发送数据给串口监视器
  }
  while (Serial.available()) {//如果串口监视器接收到数据，则执行下面的语句
    HC12.write(Serial.read());//发送数据给HC-12
  }
}
```

第二步：断开USB连接线，按住电路板AN34FA上的KSET按钮，然后接通USB连接线，再次将上述程序上传到Arduino Uno开发板中，单击菜单栏中的"工具"→"串口监视器"，设置波特率为"9600"（位于窗口右下方），设置输出格式为"NL"和"CR"（位于波特率设置处左侧），串口监视器将显示"HC12 is ready!"。

第三步：继续按住电路板AN34FA上的KSET按钮，单击菜单栏中的"工具"→"串口监视器"，设置波特率为"9600"（位于窗口右下方），设置输出格式为"NL"和"CR"（位于波特率设置处左侧），串口监视器将显示"HC12 is ready!"。

在串口监视器窗口第一行处输入"AT"，然后单击串口监视器窗口第一行右侧的"发送"按钮，串口监视器将显示"OK"，表示模块工作正常。

输入"AT+DEFAULT"，单击"发送"按钮，屏幕显示"OK+DEFAULT"，表示所有

参数恢复模块出厂设置。

输入"AT+C003",单击"发送"按钮,屏幕显示"OK+C003",表示更改无线通信频道为 C003。

特别说明:无线通信模块 HC-12 的无线通信频道包括 C001~C100,频道 001 的工作频率为 433.4MHz,频道 002 的工作频率为 433.8MHz,下一频道的工作频率将高出 400kHz,频道 100 的工作频率为 473.0 MHz。

参数设置完成后,即可松开电路板 AN34FA 上的 KSET 按钮。

第四步:在 Arduino IDE 编程界面中输入无线发射器程序,编译并将其上传到 Arduino Uno 开发板中。

(3)基于无线通信模块 HC-12 的无线接收器编程方法。

第一步:将无线通信模块 HC-12 安装到电路板 AN34SHOU 上,将电路板 AN34SHOU 安装到 Arduino Uno 开发板上,用方头 USB 数据线将 Arduino Uno 开发板与计算机连接起来。在 Arduino IDE 编程界面中输入以下参考程序,编译并将其上传到 Arduino Uno 开发板中。

```
#include <SoftwareSerial.h>//定义头文件,这是 Arduino 软件模拟串口通信库函数文件
//HC-12 的 TXD 端接 Arduino Uno 开发板的数字端口 2
//HC-12 的 RXD 端接 Arduino Uno 开发板的数字端口 3
SoftwareSerial HC12(2, 3);
void setup() {
  Serial.begin(9600);//打开串口,设置数据传输速率为 9600bit/s
  HC12.begin(9600);//设置 HC-12 数据传输速率
  Serial.println("HC12 is ready!");//串口监视器显示文本并换行
}
void loop() {
  while (HC12.available()) {//如果 HC-12 接收到数据,则执行下面的语句
    Serial.write(HC12.read());//发送数据给串口监视器
  }
  while (Serial.available()) {//如果串口监视器接收到数据,则执行下面的语句
    HC12.write(Serial.read());//发送数据给 HC-12
  }
}
```

第二步:断开 USB 连接线,按住电路板 AN34SHOU 上的 KSET 按钮,然后接通 USB 连接线,再次将上述程序上传到 Arduino Uno 开发板中,单击菜单栏中的"工具"→"串口监视器",设置波特率为"9600"(位于窗口右下方),设置输出格式为"NL"和"CR"(位于波特率设置处左侧),串口监视器将显示"HC12 is ready!"。

第三步:继续按住电路板 AN34SHOU 上的 KSET 按钮,单击菜单栏中的"工具"→

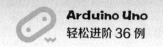

"串口监视器",设置波特率为"9600"(位于窗口右下方),设置输出格式为"NL"和"CR"(位于波特率设置处左侧),串口监视器将显示"HC12 is ready!"。

在串口监视器窗口第一行处输入"AT",然后单击串口监视器窗口第一行右侧的"发送"按钮,串口监视器将显示"OK",表示模块工作正常。

输入"AT+DEFAULT",单击"发送"按钮,屏幕显示"OK+DEFAULT",表示所有参数恢复模块出厂设置。

输入"AT+C003",单击"发送"按钮,屏幕显示"OK+C003",表示更改无线通信频道为C003。

参数设置完成后,即可松开电路板AN34SHOU上的KSET按钮。

第四步:在Arduino IDE编程界面中输入无线接收器程序,编译并将其上传到Arduino Uno开发板中。接通无线发射器和无线接收器电源,按开发板AN34FA上的按钮K8、K10、K9、K13、K7、K6,小车将前进、后退、左平移、右平移、顺时针旋转、逆时针旋转。

34.3 编程要点

(1)语句car(1, 0, 1, 0, 1, 0, 1, 0);表示函数car( )的第1、3、5、7个参数为1,第2、4、6、8个参数为0。

(2)语句void car(int pin12, int pin11, int pin10, int pin9, int pin8, int pin7, int pin5, int pin4){}表示自定义函数car( ),函数car( )的第1、3、5、7个参数对应Arduino Uno开发板第12、10、8、5引脚,第2、4、6、8个参数对应Arduino Uno开发板第11、9、7、4引脚。根据电原理图可知,电机M1、M2、M3、M4均正转,因此小车将前进。

34.4 程序设计

(1)参考程序。

代码一:无线发射器程序。

```
#include <SoftwareSerial.h>//定义头文件,这是Arduino软件模拟串口通信的库函数文件
//HC-12的TXD端接Arduino Uno开发板的数字端口12
//HC-12的RXD端接Arduino Uno开发板的数字端口11
SoftwareSerial HC12(12, 11);
void setup() {
  pinMode(8, INPUT);//设置数字端口8为输入模式
  pinMode(9, INPUT);//设置数字端口9为输入模式
  pinMode(10, INPUT);//设置数字端口10为输入模式
  pinMode(13, INPUT);//设置数字端口13为输入模式
```

实验 34　麦克纳姆车

```
  Serial.begin(9600);//打开串口，设置数据传输速率为9600bit/s
  HC12.begin(9600);//设置HC-12数据传输速率为9600bit/s
  Serial.println("HC12 is ready!");//串口监视器显示文本并换行
}
void loop() {
  digitalWrite(6, 1);//设置数字端口6为高电平
  if (digitalRead(6) == 0) {//如果数字端口6为低电平
    HC12.write("a");//HC-12发送字符"a"
    delay(500);//延时500ms
  }
  digitalWrite(7, 1);//设置数字端口7为高电平
  if (digitalRead(7) == 0) {//如果数字端口7为低电平
    HC12.write("b");//HC-12发送字符"b"
    delay(500);//延时500ms
  }
  digitalWrite(8, 1);//设置数字端口8为高电平
  if (digitalRead(8) == 0) {//如果数字端口8为低电平
    HC12.write("c");//HC-12发送字符"c"
    delay(500);//延时500ms
  }
  digitalWrite(9, 1);//设置数字端口9为高电平
  if (digitalRead(9) == 0) {//如果数字端口9为低电平
    HC12.write("d");//HC-12发送字符"d"
    delay(500);//延时500ms
  }
  digitalWrite(10, 1);//设置数字端口10为高电平
  if (digitalRead(10) == 0) {//如果数字端口10为低电平
    HC12.write("e");//HC-12发送字符"e"
    delay(500);//延时500ms
  }
  digitalWrite(13, 1);//设置数字端口13为高电平
  if (digitalRead(13) == 0) {//如果数字端口13为低电平
    HC12.write("f");//HC-12发送字符"f"
    delay(500);//延时500ms
  }
}
```

代码二：无线接收器程序。

```
#include <SoftwareSerial.h>//定义头文件，这是Arduino软件模拟串口通信的库函数文件
byte   send_data;//定义字节型变量
char   rece_data;//定义字符型变量
```

```
//HC-12 的 TXD 端接 Arduino Uno 开发板的数字端口 2
//HC-12 的 RXD 端接 Arduino Uno 开发板的数字端口 3
SoftwareSerial HC12(2, 3);
void setup() {
  for (int i =  4; i < 14; i++) {
    pinMode(i, OUTPUT);
  }
  Serial.begin(9600);//打开串口，设置数据传输速率为9600bit/s
  HC12.begin(9600);//设置HC-12数据传输速率为9600bit/s
  Serial.println("HC12 is ready!");//串口监视器显示文本并换行
}
void  loop() {
  if (Serial.available() > 0) {//如果串口接收到了数据
    send_data = Serial.read();//读取数据给变量
    delay(2);//延时2ms
    HC12.write(send_data);//写入数据
  }
  if (HC12.available()) {//如果软串口接收到了数据
    rece_data = (char)HC12.read();//读取数据
    delay(2);//延时2ms
    Serial.write(rece_data);
    if (rece_data == 'c') {//如果接收的数据为字符"c"
      forward();//小车前进
      carstop();//小车停止
    }
    if (rece_data == 'e' ) {//如果接收的数据为字符"e"
      back();//小车后退
      carstop();//小车停止
    }
    if (rece_data == 'd' ) {//如果接收的数据为字符"d"
      left();//小车左平移
      carstop();//小车停止
    }
    if (rece_data == 'f' ) {//如果接收的数据为字符"f"
      right();//小车右平移
      carstop();//小车停止
    }
    if (rece_data == 'b' ) {//如果接收的数据为字符"b"
      clockwise();//小车顺时针旋转
      carstop();//小车停止
    }
```

```
    if (rece_data == 'a') {//如果接收的数据为字符"a"
      countclockwise();//小车逆时针旋转
      carstop();//小车停止
    }
  }
}
void carstop() {//小车停止
  car(0, 0, 0, 0, 0, 0, 0, 0);
}
void forward() {//小车前进
  car(1, 0, 1, 0, 1, 0, 1, 0); delay(200);
}
void back() {//小车后退
  car(0, 1, 0, 1, 0, 1, 0, 1); delay(100);
}
void left() {//小车左平移
  car(0, 1, 1, 0, 1, 0, 0, 1); delay(100);
}
void right() {//小车右平移
  car(1, 0, 0, 1, 0, 1, 1, 0); delay(100);
}
void clockwise() {//小车顺时针旋转
  car(1, 0, 1, 0, 0, 1, 0, 1); delay(50);
}
void countclockwise() {//小车逆时针旋转
  car(0, 1, 0, 1, 1, 0, 1, 0); delay(50);
}
void car(int pin12, int pin11, int pin10, int pin9, int pin8, int pin7, int pin5, int pin4) {
  digitalWrite(12, pin12);
  digitalWrite(11, pin11);
  digitalWrite(10, pin10);
  digitalWrite(9, pin9);
  digitalWrite(8, pin8);
  digitalWrite(7, pin7);
  digitalWrite(5, pin5);
  digitalWrite(4, pin4);
}
```

（2）实验结果。

将电路板 AN34FA 安装到 Arduino Uno 开发板一上，将无线发射器程序上传到该开

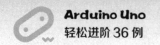

发板内，作为无线发射器；将电路板 AN34SHOU 安装到 Arduino Uno 开发板二上，将无线接收器程序上传到该开发板内，作为无线接收器。接通无线发射器和无线接收器电源，分别按电路板 AN34FA 上的按钮 K8、K10、K9、K13、K7、K6，小车将前进、后退、左平移、右平移、顺时针旋转、逆时针旋转。

34.5　拓展与挑战

恢复模块出厂设置，更改无线发射器和无线接收器上 HC-12 的无线通信频道为 002，上传程序，接通无线发射器和无线接收器电源，分别按电路板 AN34FA 上的按钮 K8、K10、K9、K13、K7、K6，使小车前进、后退、左平移、右平移、顺时针旋转、逆时针旋转。

实验 35 物联网彩灯

物联网（Internet Of Things，IOT）是通过信息传感器把物品与互联网连接起来，进行信息交换和通信，以实现智能化识别、定位、跟踪、监控和管理的一种网络。物联网把实物连入网络，可实现物品与物品之间、人与物品之间的信息交换和通信。物联网的应用和发展有利于促进人类生产生活和社会管理方式向智能化、精细化、网络化方向转变，极大地提高了社会管理和公共服务水平，催生出大量新技术、新产品、新应用、新模式，推动传统产业升级和经济发展方式转变，并将成为未来经济发展的增长点。物联网应用领域包括智能家居、智能汽车、智慧交通、智能物流、智能安防、智能建筑、智能医疗、智能工业、智能农业、智能电力、智能电网、智能水务、智慧城市、智能商业等。

物联网彩灯是运用智能手机通过物联网模块联网控制的可发出七彩光的灯具。

35.1 实验描述

运用 Arduino Uno 开发板编程控制物联网模块 ESP8266-01，运用智能手机发送信息，通过物联网模块联网控制七彩发光环模块 WS2812-8 发出七彩光。物联网彩灯电原理图、电路板图、实物图、流程图如图 35.1 所示。

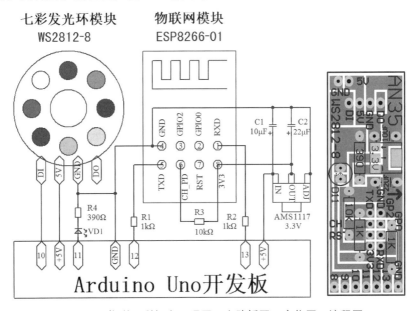

图 35.1 物联网彩灯电原理图、电路板图、实物图、流程图

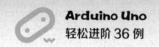

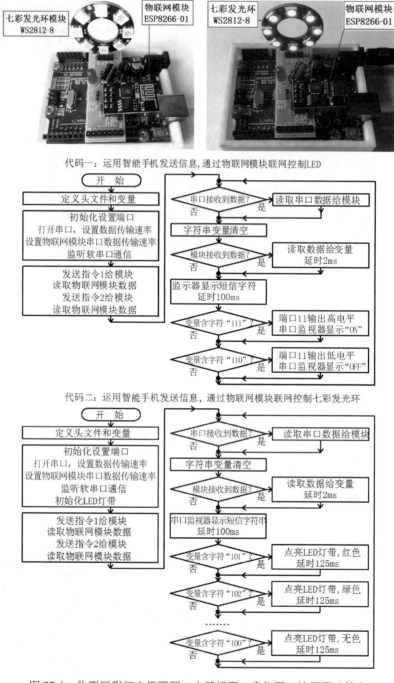

图 35.1 物联网彩灯电原理图、电路板图、实物图、流程图（续）

35.2 知识要点

（1）物联网模块 ESP8266-01。

物联网模块 ESP8266-01 是乐鑫信息科技（上海）股份有限公司（以下简称乐鑫）开

发的一款低功耗、高集成度的无线模块，内部集成了 8 Mbit Flash（ROM 储存）、32 位 Tensilica 处理器、标准数字外设接口、天线开关、射频 balun、功率放大器、低噪放大器、过滤器和电源管理模块等，支持实时操作系统（RTOS），具有完善、简洁、高效的 AT 指令，具有完整 TCP/IP 协议栈，支持多路 TCP Client 连接，内部跑 LWIP 协议，支持 STA、AP、STA+AP 三种工作模式，是一款具有 Wi-Fi 功能的单片机，可以编程，可以进行串口通信，具有一路数字输入/输出功能（不支持模拟输入/输出），能直接接入 Internet，可与手机 App 通信。物联网模块 ESP8266-01 支持 I^2C 总线，支持 UART，适用于各种物联网应用场合，如智能灯光调节、三色 LED 调节、电机调速、开关控制、继电器控制、工业远程监控、智能玩具控制、智能消防及安防管理、智能卡终端、无线 POS 机、智能 Wi-Fi 摄像头、智能手持设备等。

物联网模块 ESP8266-01 的外形尺寸为 14.6mm×24.8mm，工作电压为 3.0～3.6V，平均工作电流为 80mA，射频芯片型号为 ESP8266EX，无线标准为 IEEE 802.11b/g/n，频率范围为 2.412～2.484GHz，发射功率为 802.11b: +16 +/-2dBm（@11Mbps），接收灵敏度为 802.11b: -93 dBm（@11Mbps，CCK），天线形式为板载 PCB 天线，通信距离为 100m。

物联网模块 ESP8266-01 设有 RXD（串口接收端）、GPIO0（默认为 Wi-Fi 工作状态指示灯控制端，GPIO0 接地时为下载烧录固件模式，GPIO0 悬空时为正常工作模式）、GPIO2（开机时必须为高电平，内部默认已上拉为高电平，此端口具有一路数字输入/输出功能）、GND（接电源地）、TXD（串口发送端）、CH_PD（接高电平为工作模式，接低电平为关机模式）、RST（GPIO 16）（悬空时为正常工作模式，默认为高电平，接地时为复位）、3V3（接电源正 3.3V）共 8 个端口。

（2）物联网模块 ESP8266-01 的工作模式。

工作模式一：客户端模式 STA，物联网模块作为无线网络终端设备（Client），通过路由器（Sever）连接互联网，手机或计算机通过互联网对安装了物联网模块的设备进行远程控制。

工作模式二：接入点模式 AP，物联网模块作为热点，无线网络的接入点相当于路由器，手机或计算机与物联网模块直接连接，实现局域网无线控制。

工作模式三：两种模式共存 STA+AP，手机或计算机可与物联网模块直接连接，也可通过互联网连接。

（3）物联网模块 ESP8266-01 的编程方式。

编程方式一：使用 AT 指令操作，这种方式最常见、最简单，使用计算机串口调试助手发送 AT 指令即可。

编程方式二：使用 LUA 语言编程，这种方式不需要使用计算机串口调试软件，可通过 Arduino IDE 编程软件将程序直接写入物联网模块内部。

编程方式三：使用 Arduino 开发环境编程。

（4）比特 bit 与字节 Byte。

比特 bit 是计算机数据存储的基本单位。在二进制系统中，每个 0 或 1 就是 1bit。1Kbit=1024bit，1Mbit =1024Kbit，1Gbit=1024Mbit

字节 Byte（简写为 B）是计算机数据存储量的计量单位。1B=8bit。1B 可存储 8 位无符号数，储存的数值范围为 0~255。

（5）运用下载烧录器 CH340 为物联网模块 ESP8266-01 烧录固件的方法。

第一步：下载并安装 CH340。安装好后，将 ESP8266-01 安装到 CH340 上，然后将 CH340 插入计算机 USB 接口，如图 35.2 所示。注意：ESP8266-01 的天线方向与 CH340 的 USB 接口方向相同。右击"我的电脑"，在弹出的快捷菜单中选择"管理"选项，弹出"计算机管理"对话框，单击"设备管理器"→"端口"，可看到 USB-SERIAL CH340(COM3)，这说明 CH340 安装成功，CH340 成功插入 COM3 端口。注意：实际端口号根据实际接入的情况而定。

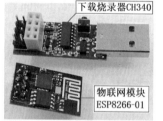
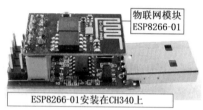

图 35.2　ESP8266-01 安装在 CH340 上的实物图

第二步：打开乐鑫官网，下载 ESPFlashDownloadTool_vx.xx.xx.exe。单击 FLASH_DOWNLOAD_TOOLS_V3.6.4 文件夹中 ESPFlashDownloadTool_v3.6.4.exe 文件，在弹出的界面中单击 ESP8266 DownloadTool 按钮，如图 35.3 所示。

图 35.3　ESP8266 下载工具软件界面

第三步：单击符号@左边的三个小黑点，添加 Ai-Thinker_ESP8266_DOUT_8Mbit_v1.5.4.1-a_20171130.bin 文件，单击符号@右边的输入地址 0x00000。SPI SPEED 选择 40MHz，SPI MODE 选择 DIO，FLASH SIZE 选择 8Mbit，SpiAutoSet 和 DoNotChgBin 复选框均不要勾选，COM 串口要选择开发板与计算机连接的端口号。波特率选择 11520，

最后单击 START 按钮，当 START 按钮上方出现 FINISH 时表示固件烧录完成，如图 35.4 所示。

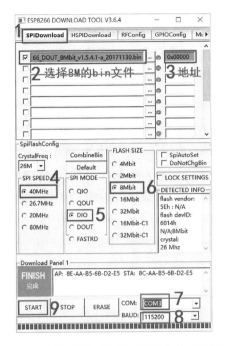

图 35.4　ESP8266-01 烧录固件参数设置界面

（6）运用 Arduino IDE 的串口监视器设置物联网模块 ESP8266-01 参数的方法。

第一步：将 ESP8266-01 安装到电路板 AN35 上（ESP8266-01 的天线方向要与电路板 AN35 上的箭头方向相同），将电路板 AN35 安装到 Arduino Uno 开发板上，用方头 USB 数据线将 Arduino Uno 开发板与计算机连接起来。

第二步：在 Arduino IDE 编程界面中输入以下程序，编译并将其上传到 Arduino Uno 开发板中。

```
//以下为物联网模块 ESP8266-01 参数设置程序
#include<SoftwareSerial.h>//定义头文件，这是 Arduino 软件模拟串口通信库函数文件
//物联网模块的 TXD 端接 Arduino Uno 开发板的数字端口 12
//物联网模块的 RXD 端接 Arduino Uno 开发板的数字端口 13
SoftwareSerial espSerial(12,13);
void setup() {
  Serial.begin(9600);//打开串口，设置数据传输速率为 9600bit/s
  espSerial.begin(115200);//设置物联网模块串口数据传输速率为 115200bit/s
}
void loop() {
  if(Serial.available())   {//如果串口接收到了数据
    espSerial.write(Serial.read());//读取串口接收到的数据给物联网模块串口
  }
```

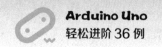

```
    if(espSerial.available()){//如果物联网模块串口接收到了数据
      Serial.write(espSerial.read());//读取物联网模块串口接收到的数据给串口
    }
  }
```

第三步：单击菜单栏中的"工具"→"串口监视器"，设置波特率为"9600"（位于窗口右下方），设置输出格式为"NL"和"CR"（位于波特率设置处左侧）。

第四步：在串口监视器窗口第一行处输入"AT"，然后单击串口监视器窗口第一行右侧的"发送"按钮，串口监视器将显示"OK"，表示物联网模块工作正常。

① 设置物联网模块为接入点模式 AP 的方法：输入"AT+CWMODE=2"，单击"发送"按钮，返回值为"OK"。

输入"AT+CWMODE?"，单击"发送"按钮，返回值为"2"和"OK"，查询模块当前工作模式，结果为接入点模式 AP。

输入"AT+RST"，单击"发送"按钮，返回值为"ready"，表示模块重启成功。

② 设置路由器名称与密码的方法：输入"AT+CWSAP="ESP8266","12345678",1,3,4,0"，单击"发送"按钮，返回值为"OK"。现在可以用智能手机连接到 ESP8266，打开智能手机的 Wi-Fi 开关，搜索热点 ESP8266，输入密码"12345678"即可连接上。稍后手机将提醒"使用此网络将无法访问互联网。仍要使用此网络吗？"，单击"是"按钮。

输入"AT+CWSAP?"，单击"发送"按钮，可查询当前路由器名称与密码。

③ 输入"AT+CIPMUX=1"，单击"发送"按钮，返回值为"OK"，启动多连接模式，只有启动多连接模式，才能启动服务器，ESP8266 作为服务器，最多允许 5 个客户端连接（客户端 id 号分配顺序是 0~4）。

输入"AT+CIPMUX?"，单击"发送"按钮，返回值为"OK"，可查询当前连接模式。

④ 输入"AT+CIPSERVER=1,8080"，单击"发送"按钮，开启服务器模式，手机 TCP 软件将连接到 ESP8266 上。

⑤ 输入"AT+CIFSR"，单击"发送"按钮，查看 ESP8266 的 IP 地址，显示 APIP：192.168.4.1（模块默认的 IP 地址），在计算机配置网络调试助手时需要用到此 IP 地址。

⑥ 打开手机 TCP 软件，单击"连接"按钮，输入连接地址 192.168.4.1，端口号为8080，单击"连接"按钮，手机将连接到 ESP8266 上。

输入"AT+CIPSTATUS"，单击"发送"按钮，返回值为"+CIPSTATUS:0,"TCP","192.168.4.2",45783,8080,1"和"OK"，可查看连接地址和端口号。

设置波特率的方法：输入"AT+CIOBAUD=9600"，单击"发送"按钮，返回值为"OK"。

⑦ 设置服务器超时时间的方法：AT+CIPSTO=2880，表示设置服务器超时时间为2880s，设置 ESP8266 为服务器后，客户端如果没有数据传输，则每隔一段时间会自动断开连接，服务器超时时间设置范围 0~2880s。

实验35 物联网彩灯

输入"AT+CIPSTO?",单击"发送"按钮,可查询当前设置的服务器超时时间。

⑧ 连接成功后,在手机 TCP 软件界面中输入"你好",计算机串口监视器将显示字符"+IPD,0,6:你好"。

⑨ 在计算机串口监视器最上方窗口内输入"AT+CIPSEND=clientid,length",其中 clientid 是客户端连接顺序号,length 是即将发送的数据长度。例如,从计算机串口监视器上发送字符"你好"给手机 TCP 软件,首先发送"AT+CIPSEND=0,6",然后发送字符"你好",在手机 TCP 软件界面上将显示字符"你好"。如果要发送字符"abcdef",则首先发送"AT+CIPSEND=0,6",然后发送字符"abcdef",在手机 TCP 软件界面上将显示字符"abcdef"。

(7)运用智能手机发送信息,通过物联网模块联网控制 LED 和七彩发光环的方法。

第一步:将物联网模块 ESP8266-01 安装到电路板 AN35 上(ESP8266-01 的天线方向要与电路板 AN35 上的箭头方向相同),将电路板 AN35 安装到 Arduino Uno 开发板上,用方头 USB 数据线将 Arduino Uno 开发板与计算机连接起来。

第二步:在 Arduino IDE 编程界面中输入物联网模块 ESP8266-01 参数设置程序,编译并将其上传到 Arduino Uno 开发板中。

第三步:单击菜单栏中的"工具"→"串口监视器",设置波特率为"9600"(位于窗口右下方),设置输出格式为"NL"和"CR"(位于波特率设置处左侧)。

第四步:在串口监视器窗口第一行处输入"AT",然后单击串口监视器窗口第一行右侧的"发送"按钮,串口监视器将显示"OK",表示物联网模块工作正常。

输入"AT+CWMODE=2",单击"发送"按钮,配置 ESP8266 为接入点模式 AP,开启 Wi-Fi 热点。

输入"AT+RST",单击"发送"按钮,重启模块,使接入点模式 AP 生效。

输入"AT+CWSAP="ESP8266","12345678",1,3,4,0",单击"发送"按钮,打开智能手机 Wi-Fi 开关,搜索热点 ESP8266,输入密码"12345678"即可连接上 ESP8266 热点。

输入"AT+CIPMUX=1",单击"发送"按钮,开启多连接模式。

输入"AT+CIPSERVER=1,8080",单击"发送"按钮,开启服务器模式,设置端口号为 8080。

输入"AT+CIFSR",单击"发送"按钮,查看一下 ESP8266 的 IP 地址,在计算机端配置网络调试助手时需要用到该 IP 地址。

打开手机 TCP 软件,单击"连接"按钮,输入连接地址 192.168.4.1,端口号为 8080,单击"连接"按钮,手机将连接到 ESP8266 上。

第五步:在 Arduino IDE 编程界面中输入"控制 LED 灯"和"控制七彩发光环"程序,编译并将其上传到 Arduino Uno 开发板中。

第六步:在手机 TCP 软件界面中输入"111"或"101",即可点亮 LED 或红色发

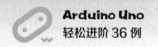

光环。

特别说明：断开 Arduino Uno 开发板与计算机之间的 USB 连接线，再次给开发板通电，智能手机能自动连接到 ESP8266 热点上，但打开手机 TCP 软件，单击"连接"按钮，添加远程主机地址 192.168.4.1:8080，始终显示"无法连接远程主机"，原因是通电后模块自动开启单连接模式。解决办法是在初始化程序中加入指令 AT+CIPMUX=1（开启多连接模式）和 AT+CIPSERVER=1,8080（开启服务器模式）。

（8）AMS1117-3.3V 稳压器。

AMS1117-3.3V 稳压器是一款低正向电压降的稳压器，内部集成过热保护和限流保护电路，输入电压范围为 4.75～10V，输出电压为 3.3V，最大输出电流为 0.8A，稳压精度为 2%，封装形式为 SOT-223，当散热片向上，三个引脚向下时，引脚排列顺序为第 1 个引脚接地，第 2 个引脚接输出，第 3 个引脚接输入。AMS1117-3.3V 稳压器主要应用于电池供电设备、便携式设备、笔记本电脑、掌上电脑、电池充电器等。

35.3 编程要点

（1）语句 espSerial.write("AT\r\n");表示发送指令给物联网模块串口。

AT 指令是应用于终端设备与 PC 应用之间的连接与通信指令。

\r 表示回车，英文是 carriage return；\n 表示换行，英文是 new line；\r\n 是换行符（Line Break），作用是跳到下一个新行。

Serial.write()和 Serial.print()在输出字符或字符串时，结果一样；在输出数值时，Serial.write()输出数据本身，Serial.print()输出经过转化后的 ASCII 字符。

（2）语句 Serial.write(espSerial.read());表示读取物联网模块串口接收到的数据给串口。

Serial 表示串口对象。

Serial.read()表示从串口的缓冲区读取 1 字节数据，若有设备通过串口向 Arduino Uno 开发板发送了数据，则读取的数据为到达的串口的第一字节数据；若串口上没有可用数据，则读取的数据-1。

Serial.write()表示将二进制数据以一系列字节或单字节的形式发送到 Arduino Uno 开发板的串口，数据类型为 size_t。函数将返回写入的字节数。

（3）语句 if (incomingData.indexOf("111") >= 0)　　{语句 1;}表示查找字符串变量 incomingData 中第一次出现字符"111"的位置，如果结果大于或等于 0，则执行语句 1，从位置 0 处开始查找，如果没有找到，则结果为-1。

35.4 程序设计

（1）程序参考。

代码一：运用智能手机发送信息，通过物联网模块联网控制 LED。

```
#include<SoftwareSerial.h>//定义头文件，这是 Arduino 软件模拟串口通信库函数文件
//物联网模块的 TXD 端接 Arduino Uno 开发板的数字端口 12
//物联网模块的 RXD 端接 Arduino Uno 开发板的数字端口 13
SoftwareSerial espSerial(12, 13);
String incomingData = "";//定义字符串变量（接收到的短信字符串）
void setup() {
  pinMode(11, OUTPUT);//设置数字端口输出模式
  digitalWrite(11, 0);//数字端口 11 输出低电平，LED 熄灭
  Serial.begin(9600);//打开串口，设置数据传输速率为 9600bit/s
  espSerial.begin(115200);//设置物联网模块串口数据传输速率为 115200bit/s
  espSerial.listen();//监听软串口通信
  espSerial.write("AT\r\n");//发送指令给物联网模块串口
  for (int i = 0; i < 4; i++) {
    if (espSerial.available()) {//如果物联网模块串口接收到了数据
      Serial.write(espSerial.read());//读取物联网模块串口接收到的数据给串口
    }
    delay(200);//延时 200ms
  }
  espSerial.write("AT+CIPMUX=1\r\n");//发送指令给物联网模块串口
  for (int i = 0; i < 4; i++) {
    if (espSerial.available()) {//如果物联网模块串口接收到了数据
      Serial.write(espSerial.read());//读取物联网模块串口接收到的数据给串口
    }
    delay(200);//延时 200ms
  }
  espSerial.write("AT+CIPSERVER=1,8080\r\n");//发送指令给物联网模块串口
  for (int i = 0; i < 4; i++) {
    if (espSerial.available()) {//如果物联网模块串口接收到了数据
      Serial.write(espSerial.read());//读取物联网模块串口接收到的数据给串口
    }
    delay(200);//延时 200ms
  }
}
void loop() {
  if (Serial.available()) {//如果串口接收到了数据
    espSerial.write(Serial.read());//读取串口接收到的数据给物联网模块串口
```

```
    }
    incomingData = "";//字符串变量清空(接收到的短信字符串)
    if (espSerial.available())  {
      //如果模块接收到数据,则执行下面的语句;如果未接收到数据,则跳出循环
      while (espSerial.available() > 0) {
      //读取模块接收到的数据赋值给变量(接收到的短信字符串),此条语句十分关键
        incomingData = espSerial.readString();
        delay(2);//延时2ms
      }
      Serial.print(incomingData);//串口监视器显示接收到的短信字符串
      delay(100);//延时100ms
      if (incomingData.indexOf("111") >= 0)    {//如果变量中有字符"111"
        digitalWrite(11, 1);//数字端口11输出高电平,LED点亮
        Serial.print("on");//串口监视器显示文本
      }
      if (incomingData.indexOf("110") >= 0)    {//如果变量中有字符"090"
        digitalWrite(11, 0);//数字端口11输出低电平,LED熄灭
        Serial.print("off");//串口监视器显示文本
      }
    }
}
```

代码二:运用智能手机发送信息,通过物联网模块联网控制七彩发光环。

```
#include<SoftwareSerial.h>//定义头文件,这是Arduino软件模拟串口通信库函数文件
//物联网模块的TXD端接Arduino Uno开发板的数字端口12
//物联网模块的RXD端接Arduino Uno开发板的数字端口13
SoftwareSerial espSerial(12, 13);
#include <Adafruit_NeoPixel.h>//定义七彩发光环头文件
#define led_numbers 8//定义七彩发光环LED数量
#define PIN 10//定义七彩发光环输入端引脚为数字端口10
//NEO_GRB + NEO_KHZ800为像素类型标志
//NEO_KHZ800是大多数LED灯带驱动类型
//NEO_GRB是大多数LED灯带像素显示类型
Adafruit_NeoPixel strip = Adafruit_NeoPixel(led_numbers, PIN, NEO_GRB + NEO_KHZ800);
String incomingData = "";//定义字符串变量(接收到的短信字符串)
void setup() {
  pinMode(10, OUTPUT);//设置数字端口10为输出模式
  pinMode(11, OUTPUT);//设置数字端口11为输出模式
  digitalWrite(11, 0);//数字端口11输出低电平,LED熄灭
  Serial.begin(9600);//打开串口,设置数据传输速率为9600bit/s
```

```
  espSerial.begin(115200);//设置物联网模块串口数据传输速率为115200bit/s
  espSerial.listen();//监听软串口通信
  strip.begin();//初始化LED灯带
  strip.setBrightness(50);//设置亮度值为最大值(255)的约1/5
  espSerial.write("AT\r\n");//发送指令给物联网模块串口
  for (int i = 0; i < 4; i++) {
    if (espSerial.available()) {//如果物联网模块串口接收到了数据
      Serial.write(espSerial.read());//读取物联网模块串口接收到的数据给串口
    }
    delay(200);//延时200ms
  }
  espSerial.write("AT+CIPMUX=1\r\n");//发送指令给物联网模块串口
  for (int i = 0; i < 4; i++) {
    if (espSerial.available()) {//如果物联网模块串口接收到了数据
      Serial.write(espSerial.read());//读取物联网模块串口接收到的数据给串口
    }
    delay(200);//延时200ms
  }
  espSerial.write("AT+CIPSERVER=1,8080\r\n");//发送指令给物联网模块串口
  for (int i = 0; i < 4; i++) {
    if (espSerial.available()) {//如果物联网模块串口接收到了数据
      Serial.write(espSerial.read());//读取物联网模块串口接收到的数据给串口
    }
    delay(200);//延时200ms
  }
}
void loop() {
  if (Serial.available())  {//如果串口接收到了数据
    espSerial.write(Serial.read());//读取串口接收到的数据给物联网模块串口
  }
  incomingData = "";//字符串变量清空(接收到的短信字符串)
  if (espSerial.available()) {
    //如果模块接收到数据,则执行下面的语句;如果未接收到数据,则跳出循环
    while (espSerial.available() > 0) {
      //读取模块接收到的数据赋值给变量(接收到的短信字符串),此条语句十分关键
      incomingData = espSerial.readString();
      delay(2);  // 延时2ms
    }
    Serial.print(incomingData);//串口监视器显示接收的短信字符串
    delay(100);//延时100ms
    if (incomingData.indexOf("101") >= 0)    {//如果变量中有字符"101"
```

```
  for (int i = 0; i < 8; i++) {
    strip.setPixelColor(i, 255, 0, 0);//设置LED的RGB值为红色值
    strip.show();//点亮LED灯带
    delay(125);//延时125ms
  }
}
if (incomingData.indexOf("102") >= 0)    {//如果变量中有字符"102"
  for (int i = 0; i < 8; i++) {
    strip.setPixelColor(i, 0, 255, 0);//设置LED的RGB值为绿色值
    strip.show();//点亮LED灯带
    delay(125);//延时125ms
  }
}
if (incomingData.indexOf("103") >= 0)    {//如果变量中有字符"103"
  for (int i = 0; i < 8; i++) {
    strip.setPixelColor(i, 0, 0, 255);//设置LED的RGB值为蓝色值
    strip.show();//点亮LED灯带
    delay(125);//延时125ms
  }
}
if (incomingData.indexOf("104") >= 0)    {//如果变量中有字符"104"
  for (int i = 0; i < 8; i++) {
    strip.setPixelColor(i, 255, 255, 0);//设置LED的RGB值为黄色值
    strip.show();//点亮LED灯带
    delay(125);//延时125ms
  }
}
if (incomingData.indexOf("105") >= 0)    {//如果变量中有字符"105"
  for (int i = 0; i < 8; i++) {
    strip.setPixelColor(i, 0, 255, 255);//设置LED的RGB值为青色值
    strip.show();//点亮LED灯带
    delay(125);//延时125ms
  }
}
if (incomingData.indexOf("106") >= 0)    {//如果变量中有字符"106"
  for (int i = 0; i < 8; i++) {
    strip.setPixelColor(i, 255, 0, 255);//设置LED的RGB值为紫色值
    strip.show();//点亮LED灯带
    delay(125);//延时125ms
  }
}
```

```
    if (incomingData.indexOf("107") >= 0)    {//如果变量中有字符"107"
      for (int i = 0; i < 8; i++) {
        strip.setPixelColor(i, 255, 255, 255);//设置 LED 的 RGB 值为白色值
        strip.show();//点亮 LED 灯带
        delay(125);//延时 125ms
      }
    }
    if (incomingData.indexOf("108") >= 0)    {//如果变量中有字符"108"
      for (int i = 0; i < 8; i += 2) {//关闭 4 个 LED
        strip.setPixelColor(i, 0, 0, 0);//设置 LED 的 RGB 值为无色值
        strip.show();//点亮 LED 灯带
        delay(125);//延时 125ms
      }
    }
    if (incomingData.indexOf("109") >= 0)    {//如果变量中有字符"109"
      for (int i = 0; i < 7; i++) {//关闭 7 个 LED
        strip.setPixelColor(i, 0, 0, 0);//设置 LED 的 RGB 值为无色值
        strip.show();//点亮 LED 灯带
        delay(125);//延时 125ms
      }
    }
    if (incomingData.indexOf("100") >= 0)    {//如果变量中有字符"100"
      for (int i = 0; i < 8; i++) {//关闭 8 个 LED
        strip.setPixelColor(i, 0, 0, 0);//设置 LED 的 RGB 值为无色值
        strip.show();//点亮 LED 灯带
        delay(125);//延时 125ms
      }
    }
  }
}
```

（2）实验结果。

代码一上传成功后，将电路板 AN35 安装到 Arduino Uno 开发板上，并接通电源，打开安装了 TCP 软件的智能手机并打开该软件，连接到 192.168.4.1，输入字符"111"并发送，LED 点亮，输入字符"110"并发送，LED 熄灭。

代码二上传成功后，将电路板 AN35 安装到 Arduino Uno 开发板上，并接通电源，打开安装了 TCP 软件的智能手机并打开该软件，连接到 192.168.4.1：8080，输入字符"101"并发送，发光环将点亮 8 只红色 LED；输入字符"102"并发送，发光环将点亮 8 只绿色 LED；输入字符"103"并发送，发光环将点亮 8 只蓝色 LED；输入字符"104"并发送，发光环将点亮 8 只黄色 LED；输入字符"105"并发送，发光环将点亮 8 只青色

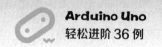

LED；输入字符"106"并发送，发光环将点亮8只紫色LED；输入字符"107"并发送，发光环将点亮8只白色LED；输入字符"108"并发送，发光环将点亮4只LED；输入字符"109"并发送，发光环将点亮1只LED，输入字符"100"并发送，发光环将关闭所有的LED。

35.5　拓展与挑战

代码上传成功后，将电路板AN35安装到Arduino Uno开发板上，并接通电源，打开安装了TCP软件的智能手机并打开该软件，连接到192.168.4.1：8080，输入字符"101"并发送，发光环将点亮8只红色LED；输入字符"102"并发送，发光环将点亮8只绿色LED；输入字符"103"并发送，发光环将点亮8只蓝色LED；输入字符"104"并发送，发光环将点亮8只白色LED；输入字符"105"并发送，发光环将点亮6只LED；输入字符"106"并发送，发光环将点亮4只LED；输入字符"107"并发送，发光环将点亮3只LED；输入字符"108"并发送，发光环将点亮2只LED；输入字符"109"并发送，发光环将点亮1只LED；输入字符"100"并发送，发光环将关闭所有的LED。

实验 36 物联网小车

物联网小车是运用智能手机通过物联网模块联网控制的玩具小车。

36.1 实验描述

运用 Arduino Uno 开发板编程控制物联网模块 ESP8266-01，运用智能手机通过物联网模块联网控制玩具小车前进、后退、左转、右转。物联网小车电原理图、电路板图、实物图、流程图如图 36.1 所示。

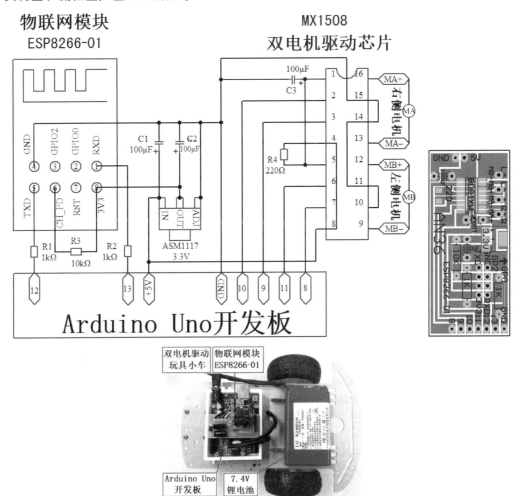

图 36.1 物联网小车电原理图、电路板图、实物图、流程图

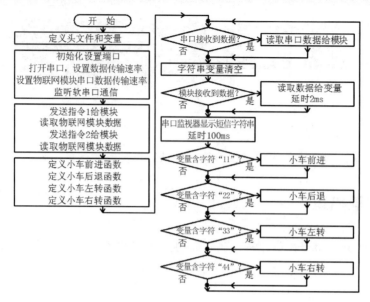

图 36.1 物联网小车电原理图、电路板图、实物图、流程图（续）

36.2 知识要点

（1）常见物联网无线技术。

①低功耗广域网（LPWAN）。特点：只能以低速率发送小块数据，适用于不需要高带宽且不具有时间敏感性的应用场合。

②蜂窝移动网络（3G/4G/5G）。特点：提供可靠的宽带通信，支持各种语音呼叫和流视频应用。例如，5G 移动网络支持自动驾驶汽车和增强现实技术。

③紫蜂 ZigBee 及其他网状协议。特点：短距离（小于 100m）、低功耗、无线通信（IEEE 802.15.4），比低功耗广域网数据传输速率更高，适用于智能照明、暖通空调控制、安全和能源管理等各种家庭自动化应用场合。

④蓝牙和 BLE。特点：短距离（小于 10m）、低功耗、无线通信，传输带宽是 1Mbit/s，主要工作在 2.4GHz 频段，属于个人无线网络范畴，主要用于连接一些外围设备或进行近距离数据传输。BLE 广泛集成在健身和医疗可穿戴设备（如智能手表、血糖仪、脉搏血氧计等）及智能家居设备（如门锁）中，这些设备可以方便地将数据传输到智能手机并在智能手机上实现可视化。

⑤无线宽带接入 Wi-Fi，是一种允许电子设备通过无线路由器连接到无线局域网（WLAN）的技术。特点：无线上网，信号覆盖范围广、数据传输速率高，使用 IEEE 802.11b 局域网协议，最大传输距离为 120m，最高数据传输速率为 11Mbit/s，主要工作在 2.4GHz、5GHz 频段，支持多个终端设备同时传输模式，主要用于企业和家庭环境中提供无线上网的业务，如智能手机、平板电脑和笔记本电脑无线上网。

⑥ 射频识别 RFID。特点：可使用无线电波在很短的距离内将少量数据从射频识别标签传输到阅读器，在零售业和物流领域应用广泛。通过在各种产品和设备上贴射频识别标签，企业可以实时跟踪其库存和资产，从而实现更好地制订库存和生产计划及优化供应链管理。

（2）无线路由器。

无线路由器（Wireless Router）是供用户上网、带有无线覆盖功能的路由器，可将宽带网络信号通过天线转发给附近的无线网络设备，供带有 Wi-Fi 功能的电子设备（如台式电脑、笔记本电脑、掌上移动电脑、手机、电视盒子等）无线上网，无线电频率为 2.4G UHF 超高频或 5G SHF ISM 射频频段甚至更高频段，信号覆盖半径达 100m 甚至更远，支持专线 xdsl/ cable、动态 xdsl、pptp 等接入方式，可供 15～20 个设备同时上网，数据传输速率可达 300Mbit/s 甚至更高，还具有一些网络管理功能。

（3）运用智能手机发送信息，通过物联网模块联网控制玩具小车的方法。

第一步：运用下载烧录器 CH340 给物联网模块 ESP8266-01 模块烧录固件［参见实验 35.2（5）］。

第二步：将物联网模块 ESP8266-01 安装到电路板 AN36 上（ESP8266-01 的天线方向要与电路板 AN36 上的箭头方向相同），将电路板 AN36 安装到 Arduino Uno 开发板上，用方头 USB 数据线将 Arduino Uno 开发板与计算机连接起来。

第三步：在 Arduino IDE 编程界面中输入物联网模块 ESP8266-01 参数设置程序，编译并将其上传到 Arduino Uno 开发板中。

第四步：单击菜单栏中的"工具"→"串口监视器"，设置波特率为"9600"（位于窗口右下方），设置输出格式为"NL"和"CR"（位于波特率设置处左侧）。

在串口监视器窗口第一行处输入"AT"，然后单击串口监视器窗口第一行右侧的"发送"按钮，串口监视器将显示"OK"，表示物联网模块工作正常。

输入"AT+CWMODE=2"，单击"发送"按钮，配置 ESP8266 为接入点模式 AP，开启 Wi-Fi 热点。

输入"AT+RST"，单击"发送"按钮，重启模块，使接入点模式 AP 生效。

输入"AT+CWSAP="ESP8266","12345678",1,3,4,0"，单击"发送"按钮，打开智能手机 Wi-Fi 开关，搜索热点 ESP8266，输入密码"12345678"即可连接上 ESP8266 热点。

输入"AT+CIPMUX=1"，单击"发送"按钮，开启多连接模式。

输入"AT+CIPSERVER=1,8080"，单击"发送"按钮，开启服务器模式，设置端口号为 8080。

输入"AT+CIFSR"，单击"发送"按钮，查看一下 ESP8266 的 IP 地址，在计算机端配置网络调试助手的时候需要用到该 IP 地址。

打开手机 TCP 软件，单击"连接"按钮，输入连接地址 192.168.4.1，端口号为 8080，

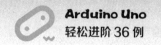

单击"连接"按钮,手机将连接到ESP8266上。

第六步:在Arduino IDE编程界面中输入通过物联网模块联网控制小车程序,编译并将其上传到Arduino Uno开发板中。

第七步:在手机TCP软件界面中,输入"11""22""33""44",即可控制玩具小车前进、后退、左转、右转。

36.3 编程要点

语句while (espSerial.available() > 0) {incomingData = espSerial.readString();delay(2); }表示若模块接收到数据,则循环读取模块接收到的数据赋值给变量(接收的短信字符串),这条语句十分关键。

36.4 程序设计

(1)程序参考。

```
//运用智能手机发送信息,通过物联网模块联网控制玩具小车
#define pinleft1 10//左1接数字端口10
#define pinleft2 9//左2接数字端口9
#define pinright1 11//右1接数字端口11
#define pinright2 8//右2接数字端口8
#include<SoftwareSerial.h>//定义头文件,这是Arduino软件模拟串口通信库函数文件
//物联网模块的TXD端接Arduino Uno开发板的数字端口12
//物联网模块的RXD端接Arduino Uno开发板的数字端口13
SoftwareSerial espSerial(12, 13);
String incomingData = "";//定义字符串变量(接收到的短信字符串)
void setup() {
  pinMode(pinleft1, OUTPUT);//设置左1为输出模式
  pinMode(pinleft2, OUTPUT);//设置左2为输出模式
  pinMode(pinright1, OUTPUT);//设置右1为输出模式
  pinMode(pinright2, OUTPUT);//设置右2为输出模式
  Serial.begin(9600); //打开串口,设置数据传输速率为9600bit/s
  espSerial.begin(115200);//设置物联网模块串口数据传输速率为115200bit/s
  espSerial.listen();//监听软串口通信
  espSerial.write("AT\r\n");//发送指令给物联网模块串口
  for (int i = 0; i < 4; i++) {
    if (espSerial.available()) {//如果物联网模块串口接收到了数据
      Serial.write(espSerial.read());//读取物联网模块串口接收到的数据给串口
    }
```

```
      delay(200);//延时200ms
    }
    espSerial.write("AT+CIPMUX=1\r\n");//发送指令给物联网模块串口
    for (int i = 0; i < 4; i++) {
      if (espSerial.available()) {//如果物联网模块串口接收到了数据
        Serial.write(espSerial.read());//读取物联网模块串口接收到的数据给串口
      }
      delay(200);//延时200ms
    }
    espSerial.write("AT+CIPSERVER=1,8080\r\n");//发送指令给物联网模块串口
    for (int i = 0; i < 4; i++) {
      if (espSerial.available()) {//如果物联网模块串口接收到了数据
        Serial.write(espSerial.read());//读取物联网模块串口接收到的数据给串口
      }
      delay(200);//延时200ms
    }
}
void loop() {
    if (Serial.available()) {//如果串口接收到了数据
      espSerial.write(Serial.read());//读取串口接收到的数据给物联网模块串口
    }
    incomingData = "";//字符串变量清空(接收的短信字符串)
    if (espSerial.available()) {
      //如果模块接收到数据,则执行下面的语句;如果未接收到数据,则跳出循环
      while (espSerial.available() > 0) {
        //读取模块接收到数据赋值给变量(接收到的短信字符串),此条语句十分关键
        incomingData = espSerial.readString();
        delay(2);//延时2ms
      }
      Serial.print(incomingData);//串口监视器显示接收到的短信字符串
      delay(100);//延时100ms
      if (incomingData.indexOf("11") >= 0)    {//如果变量中有字符"11"
        forward();//小车前进
      }
      if (incomingData.indexOf("22") >= 0)    {//如果变量中有字符"22"
        back();//小车后退
      }
      if (incomingData.indexOf("33") >= 0)    {//如果变量中有字符"33"
        left();//小车左转
      }
      if (incomingData.indexOf("44") >= 0)    {//如果变量中有字符"44"
```

```
      right();//小车右转
    }
  }
}

void forward() {///小车前进
  digitalWrite(pinleft1, 1);//设置左1输出高电平
  digitalWrite(pinleft2, 0);//设置左2输出低电平
  digitalWrite(pinright1, 1);//设置右1输出高电平
  digitalWrite(pinright2, 0);//设置右2输出低电平
  delay(200);//延时200ms
  digitalWrite(pinleft1, 0);//设置左1输出低电平
  digitalWrite(pinright1, 0);//设置右1输出低电平
}
void back() {///小车后退
  digitalWrite(pinleft1, 0);//设置左1输出低电平
  digitalWrite(pinleft2, 1);//设置左2输出高电平
  digitalWrite(pinright1, 0);//设置右1输出低电平
  digitalWrite(pinright2, 1);//设置右2输出高电平
  delay(200);//延时200ms
  digitalWrite(pinleft2, 0);//设置左2输出低电平
  digitalWrite(pinright2, 0);//设置右2输出低电平
}
void left() {///小车左转
  digitalWrite(pinleft1, 1);//设置左1输出高电平
  digitalWrite(pinleft2, 0);//设置左2输出低电平
  digitalWrite(pinright1, 0);//设置右1输出低电平
  digitalWrite(pinright2, 1);//设置右2输出高电平
  delay(50);//延时50ms
  digitalWrite(pinleft1, 0);//设置左1输出低电平
  digitalWrite(pinright2, 0);//设置右2输出低电平
}
void right() {///小车右转
  digitalWrite(pinleft1, 0);//设置左1输出低电平
  digitalWrite(pinleft2, 1);//设置右2输出高电平
  digitalWrite(pinright1, 1);//设置右1输出高电平
  digitalWrite(pinright2, 0);//设置右2输出低电平
  delay(50);//延时50ms
  digitalWrite(pinleft2, 0);//设置左2输出低电平
  digitalWrite(pinright1, 0);//设置右1输出低电平
}
```

（2）实验结果。

代码上传成功后，将电路板 AN36 安装到 Arduino Uno 开发板上，并接通电源，打开安装了 TCP 软件的智能手机并打开该软件，连接到 192.168.4.1：8080，输入字符"11"并发送，玩具小车将前进；输入字符"22"并发送，玩具小车将后退；输入字符"33"并发送，玩具小车将左转；输入字符"44"并发送，玩具小车将右转。

36.5 拓展与挑战

代码上传成功后，将电路板 AN36 安装到 Arduino Uno 开发板上，并接通电源，打开安装了 TCP 软件的智能手机并打开该软件，连接到 192.168.4.1：8080，输入字符"52"并发送；玩具小车将前进，输入字符"58"并发送，玩具小车将后退；输入字符"54"并发送；玩具小车将左转，输入字符"56"并发送，玩具小车将右转。